JN110737

浪江町津島

風下の村の人びと

森住 卓

新日本出版社

福島第一原発（2017年９月）

目次

＊本書のうち、石井ひろみさんは『ぷりおーる』（きかんし）2020年秋号、今野秀則さんは『いつでも元気』（保健医療研究所）2019年5月号と『ぷりおーる』2020年秋号、佐々木茂さんは『いつでも元気』2019年5月号、復活した赤宇木の田植踊りと獅子舞は『ぷりおーる』2020年冬号、けもの物語は『いつでも元気』2020年9月号に掲載した記事を再構成し、加筆・修正しました。その他は書下ろしです。

帰還困難区域のゲート。事故から10年が過ぎた。いまも許可が無ければ立入ることが出来ない。（浪江町津島 2019年3月1日）

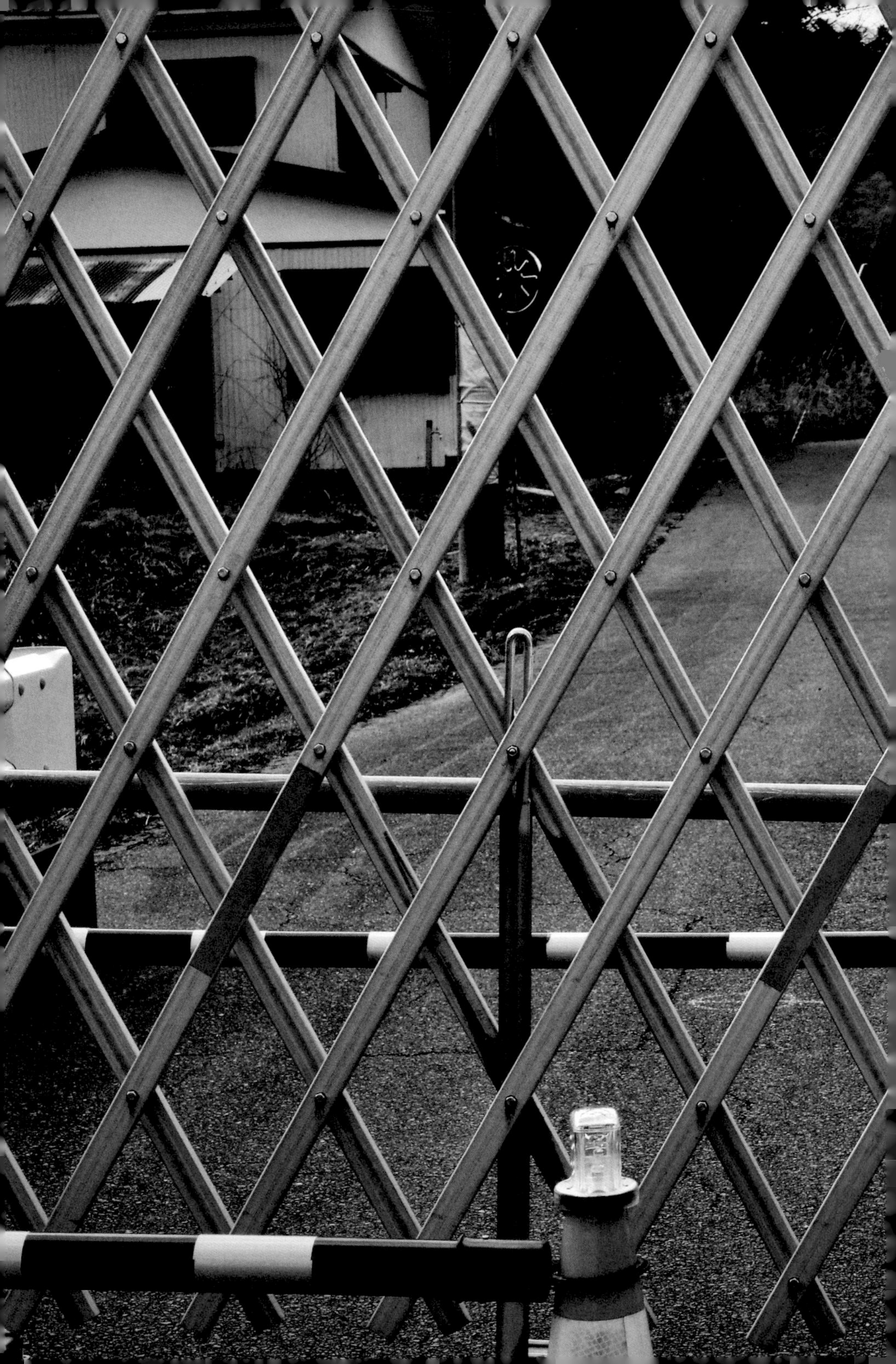

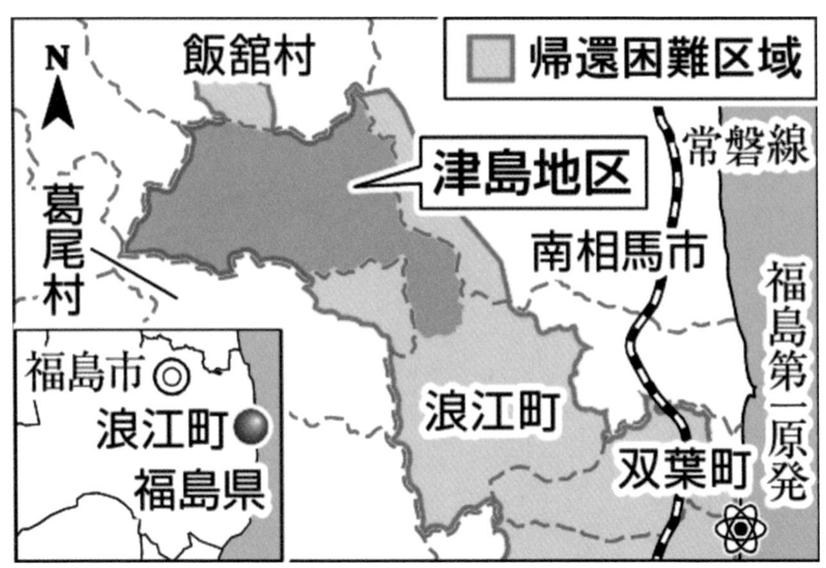

避難指示区域（2020年3月時点）　資源エネルギー庁ウェッブサイト掲載図を基に作図
https://www.enecho.meti.go.jp/about/special/shared/img/pq0e-2omhq50d.png

放射能のスクリーニング会場（浪江町津島 2019年3月22日）

ふるさとを返せ

浪江町津島（2015年11月27日）

まえがき

２０１１年３月13日福島第一原発のある双葉町に入った。原発から北に４キロ地点にある双葉厚生病院前で携行した線量計は振り切れ、毎時１０００マイクロシーベルトを超え計測不能となった。

15日夕方、飯舘村に入った。雪交じりの雨が降り出していた。村の北西部にある前田地区公民館前でサーベイメーターを取り出し放射線量を測ると毎時１００マイクロシーベルトを超えていた。折から雨脚は強まり、びしょ濡れになった。しかし、当時はこの雨が放射性物質を大量に含んだ「黒い雨」とはうかつにも気付かなかった。

同じ頃飯舘村のとなり町、浪江町津島もまた、飯舘村よりさらに高濃度の放射性物質が降り注いでいることを知る由もなかった。

その後、飯舘村蕨平（わらびだいら）の酪農家が山を越え津島の赤宇木（あこうぎ）に行く用事があるというので、同行したことがあった。柳が芽吹き、道の両側にはスイセンの黄色い花が咲き乱れ、桜が満開だった。飯舘村と同じく放射能で汚染していなければ美しい村なのに、と心に強く思った。たびたび、津島に通い、無人となった村の風景を撮影していた。しかし、何か虚しさだけが残った。

その後、住民が国と東電を相手に訴訟を起こしていることを知り、傍聴のため裁判所に通うようになった。ふるさとを奪い取られた人びとの辛さと悲しみ、怒りの叫びが法廷にひびいていた。私のできることでこの人たちの叫びにこたえようと思った。

避難先で聞く原告の話は差別や被曝と将来への不安、ふるさとを失った悲しみ、など辛い話に聞く側の私も何度もこみ上げるものがあった。だが、津島の暮らしぶりを話すときの表情はとても晴れ晴れとして、誇りに満ちていた。「お金が欲しいんじゃないんだ。ふるさとに帰りたいんだ。除染して、きれいな環境に戻してほしいんだ」誰もが口にするその願いを、どうして叶えることができないのか？　ふるさとを奪った者への怒りと辛さ、許せない気持ちが痛いほど伝わってきた。

この本はその原告たちの心からの叫びと願いをまとめたものである。

「ふるさとを返せ　津島原発訴訟」原告団の住民は２０１５年９月29日福島地方裁判所郡山支部に提訴した。そして５年10ヶ月の審理を経て２０２１年７月30日判決が出た。判決（佐々木健二裁判長）では「国が対策を命じていれば事故は回避できた」と国と東電の責任を認め総額約10億円の支払いを命じた。一方、原告が最も望んだ除染による原状回復請求は退けられた。原告は仙台高裁に控訴した。

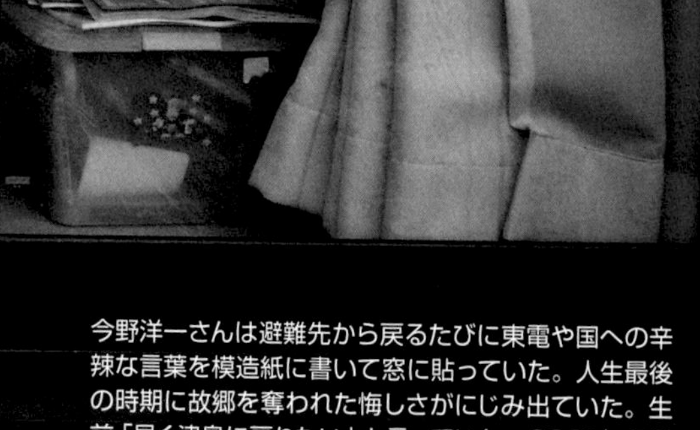

今野洋一さんは避難先から戻るたびに東電や国への辛辣な言葉を模造紙に書いて窓に貼っていた。人生最後の時期に故郷を奪われた悔しさがにじみ出ていた。生前「早く津島に戻りたい」と言っていた。2021年5月、81歳で避難先の須賀川市で亡くなった。
（浪江町津島 2013年12月18日）

放射能体験ツアー
大募集中!!
楽しいホットスポット巡り
東電セシウム観光

お盆墓参り
暮れてなほ
命のかぎり

内部被ばくの「ヘビ」
注口より食する事を
禁ず
環境省

二人が絆が深いのは
東電さんのおかげです
東電さんよありがとう?

風下の村

福島県双葉郡浪江町津島は福島第一原発から北西の阿武隈山中にある。
2011年3月、東京電力福島第一原発事故により放出された放射性物質は南東の風に乗って阿武隈山中の同津島地区に降り注いだ。高濃度の放射能に汚染された地域は帰還困難区域に指定され今（2021年8月現在）も帰ることが出来ない。

津島地区は面積が約1万ヘクタール。その80％が山林である。八つの集落から成り、約1400人が暮らしていた。春は山菜を採り、夏には川遊びに興じる子どもたちの声が聞こえる。ヤマメやイワナ、アユ、ウナギなどの川魚がとれる。秋の見事な紅葉。山ではマツタケやイノハナダケなどがとれる。採り過ぎたものは隣近所で分けあってたべる。
田植え、稲刈り、脱穀などの農作業は部落中が助け合う「結い（ゆ）」があった。葬儀は部落総出で行った。墓掘りから埋葬まで隣近所が協力し、死者を悼み供養した。
獅子舞や田植踊りなど代々受け継がれてきた祭りや伝統芸能があった。厳しい自然と闘いながら暮らしてきた人びとのつながりは特別強いものがある。原発事故はそのすべてを奪ってしまった。

事故当時、国や福島県は汚染情報を住民に知らせず、危険を知らされないまま浜通りからの避難者を津島地区の人びとは懸命に受け入れていた。放射能まじりの雪が降った。いわゆる黒い雨だ。屋外で避難民の世話をしていた住民は重大な被曝をしてしまった。子どもたちは外で遊んでいた。住民に避難命令が出たのは3月15日だった。

事故から10年。田畑は荒れ、10メートルを超す柳の木が生い茂り、雑草に覆われた民家は森の中に飲み込まれようとしている。

避難解除の動き――住民不在で進められる国の復興再生拠点計画

２０１７年12月環境省は帰還困難域内の一部を除染して住民を帰す「特定復興再生拠点区域復興再生計画」（所謂「復興計画」）を示した。計画完了は２０２３年を目処としている。

津島地区の場合、対象世帯数１００世帯（２０２１年4月1日浪江町役場）、旧道沿いの町並み周辺１５３ヘクタールが対象だ。約1万ヘクタールある津島全体のわずか１・６％の面積にすぎない。計画では居住促進ゾーン、交流ゾーン、農業再生ゾーンをつくるという。広大な山林の除染は行わない。区域外は取り残される。

今、同計画区域では歯が抜けたように整地された土地が目に付く。かつて住民の暮らしがあったことを示す家の取り壊し、除染が完了したことを告げる看板が立てられている。まるで墓標のようだ。

家屋の解体、敷地の除染は税金で行われるが、計画期間後では自費でやれと国は言う。もし自己解体した時、廃材は「放射性廃棄物」扱いとなるので処理費用だけで数百万から1千万円の高額になる。住民は「こんな時だけ『放射性廃棄物だ』とこれ見よがしに言う。代々受け継いだ家を孫子に残したいと思う。だが孫子の代に負担をさせられない」と悩み、解体の決断が出来ない住民も多い。

家屋の解体と除染が済み更地になった宅地。除染済と書かれた三角コーンが墓標のように置かれていた。
（浪江町津島 特定復興再生拠点 2021年7月）

石に刻まれた「絆」の文字

三瓶章陸（のりみち）さん（66歳）

放射能は目には見えず、臭いも無く、五感で感じることが出来ない。体内に取り込んでもすぐに異変が起こるわけでもない。この見えない放射能の危険を伝えるためオートラジオグラフ（放射線像）で可視化する試みを続けている。

オートラジオグラフとは放射線のエネルギーをフィルムに感光させ映像化する。1954年3月1日、中部太平洋ビキニ環礁で行われたアメリカの水爆実験によって、周辺海域で操業していた日本マグロ漁船が被曝した。静岡県焼津市に帰港した第五福竜丸に降り積もった死の灰をフィルムに感光させて毎日新聞が発表し、大きな衝撃を与えた。

福島原発事故後、ビキニ事件のことを思い出した。汚染したものをフィルムの上に置けば放射線でフィルムが感光するのではないか？

2014年そのサンプルを探しに浪江町津島に行った。草むらの中に黒御影石に「絆」と彫られた石を見つけた。

「絆」は「復興」のキーワードだった。誰もが否定できない。だが被災者は被曝と賠償で人びとの絆

作業場の外に放置されていた三瓶章陸さんの彫った石碑。あの石碑は納品直前だったけど、放射能汚染してしまったのでキャンセルされてしまった。
のちに「絆」の文字をオートラジオグラフ（33ページ）にした。
（浪江町津島 2019年5月21日）

をズタズタに分断されてきた。その分断の張本人が国やメディアだ。私には「絆」が空虚に聞こえ違和感をもっていた。

その違和感をオートラジオグラフで表現できるかも知れないと思いたった。

放射線を可視化し福島はまだ終わっていないことを、汚染がまだ続いていることを伝えられると考えたのだ。

石碑の上に大判の写真フィルムを密着させ3ヶ月後に回収し現像すると、写真フィルムにはうっすらと「絆」の文字が浮かび上がっていた。

この石を彫った人は誰なのか？　ずっと頭から離れなかった。

その後、「ふるさとを返せ　津島原発訴訟」の取材を始めた。国と東電を相手に「ふるさとを返せ」と訴えた原告の中に「絆」の文字を彫った三瓶章陸さんがいた。

阿武隈山地は花崗岩の産地で、安い中国産が輸入される前はたくさんの石材屋さんがあった。三瓶さんは地元や県外からも注文を受け、墓や記念碑などに文字や絵などを彫る石材加工業を営んでいた。「絆」の石碑を見つけた場所は三瓶さんの作業場だった。「あの石碑は納品直前だったけれど、放射能汚染してしまったのでキャンセルされてしまった」と言う。

現在は避難先の福島市内に作業場を借りて妻の春江さん（61）、長女の夫の学さん（36）と次女の早弓さん（31）の4人で営業を続けている。

２０１１年3月11日の震災事故当時、三瓶さんの家族は祖父母、子ども、孫の4世代が一緒にくらす10人家族だった。津島から避難したのは3月15日。10人の大家族がひとつにまとまって避難することは大変なことだった。両親、夫婦、子ども夫婦家族が6ヶ所に離散してしまった。

章陸さんは家族が避難した後も、しばらく残って仕事を続けその後、宮城県に仕事場を移し、現在は福島市内に作業場を借りて、近くに家族とともに暮らしている。

父、陸のこと

父の陸さんは開拓組合に勤めその後、浪江町役場の職員になった。芸能保存会の役員、地元の長安寺の檀家総代など津島の人のために働くことが生きがいだった。家にはいつも父を訪ねて人が寄ってきた。博識な父は「津島の生き字引」と言われ文化や歴史のことを楽しそうに話していた。

避難中は知り合いのいない見知らぬ地で、家族と離れ老夫婦の二人暮らしになってしまった。人が訪ねることもなくなり、引きこもるようになった。避難から7年後の2018年9月17日に陸さんは亡くなった。「もともと肺と肝臓にガンがあり、避難で生きる希望を失っていた」と春江さんが言う。「いつになったら帰れるのかな？　おれが死んだら津島に帰してくれ。津島に帰りたい」というのが最期の会話になった。葬儀には生前、陸さんの世話になった人たちや友人が故人を偲んで300人以上が参列した。

いま、陸さんの遺骨は津島の長安寺の福島別院に安置されている。事故後、津島から長安寺もまた福島市内に仮の寺を設け移転しているのだ。

「立ち入り許可を貰わなければ津島のお墓参りに行くこともできない。汚染したところに納骨するの

立派な構えの三瓶章陸さんの家は地震で屋根の一部が壊れた。雨漏り防止用のブルーシートが強風で引き裂かれてしまった。（浪江町津島 2019年5月21日）

はいやだから」と三瓶さんは言う。

長安寺福島別院の本堂には三瓶陸さんの遺骨だけでなく、事故後亡くなった津島の人びとの納骨されない遺骨を安置している。その数は合計100柱を超える。亡くなってもなお、ふるさと津島に戻れない。

津島の誇りを奪われた

次女の早弓さんは仕事の都合で郡山に一人暮らしをしていた。知り合いのいない町での不安な暮らしが続いていた。そんなある日、友達に誘われて、食事会に行った。会が始まると自己紹介が始まった。出身地を「浜通り」と曖昧に答えていたが、しつこく聞かれ「津島」と答えてしまった。すると「原発じゃん、避難者じゃん、お金たくさん貰っているの」と言われ悔しくて、逃げるように帰ってきた。

早弓さんは「私だって素敵な男性を見つけてい

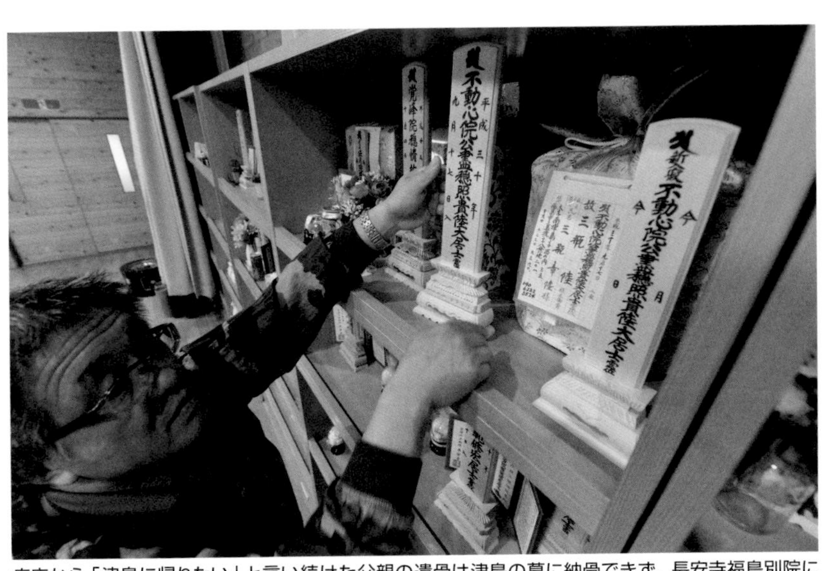

病床から「津島に帰りたい」と言い続けた父親の遺骨は津島の墓に納骨できず、長安寺福島別院に安置されている。（福島市 2019年6月16日）

つか結婚したい」と言う。しかし、その男性にも津島出身と言えない。男性が理解してくれてもその両親や親戚から「子どもがうまれても大丈夫なの？　と言われるのが怖い」という。

２０１９年３月に福島地裁郡山支部で開かれた第17回口頭弁論の本人尋問に立った早弓さんは「私のように悩んでいる人が大勢います。津島の出身だって（誇りを持って）言えるようにして欲しい」と裁判長に訴えた。早弓さんのほおを大粒の涙が流れ落ちた。

大家族

久しぶりに家族がそろっているからと三瓶さんの自宅に招かれた。「さー、記念写真撮ってもらうからみんな集まって」と妻の春江さんが大きな声で招集を掛けた。章陸さん夫妻、長女夫妻と二人の子ども、早弓さん、近くに住む長男夫妻と子どもで総勢11人。章陸さんのお母さんはデイサービスに出かけあいにく留守だった。いまどき4世代が一つ屋根に住んでいる家族は珍しい。でも津島では当たり前の風景だった。

「村中が顔見知り。鍵を掛けている家はない。誰も居なくても隣の人が上がりこんで新聞を読んでいたり、年寄りは毎日集まってお茶飲みながら世間話に花を咲かせた。何でもない暮らしが幸せだった。当たり前の暮らしを返してよ。早く津島に帰りたい」と春江さんが言った。

朽ちゆく自宅

2019年5月末の大雨の日、一時帰宅する章陸さんに同行させてもらった。家は帰還困難区域を通る国道114号に面した津島の中央部にある。自宅は国道を挟んで作業場の反対側にある。

事故から8年が過ぎ、地震でいたんだ瓦屋根の雨漏りを防ぐために覆っていたブルーシートは風雪でぼろぼろにはがれ屋根からぶら下がっていた。強くたたきつけるような雨が容赦なく降り注いでいた。玄関を開けると三瓶さんが土足で上がっていった。「床が抜けるかも知れないので気をつけて歩いてくださいね」と言った。茶の間は壊れた屋根から雨水がしたたり落ち、見上げるとはがれ落ちそうな天井は腐って黒いカビがびっしり生えていた。畳は雨水を吸って腐り、床が抜けていた。長靴を履いたまま家の中を歩かなければならなかったが、家人の気持ちを思うと心が痛む。

三瓶さんはメジャーを取り出し仏壇と神棚のサイズを測って紙切れにメモをした。東電に損害賠償の申請をするためだという。「手続きが面倒くせえんだー。だから申請をやらなかったのだけど、やっぱり黙っていたら損害が無かったことにされてしまうからと思ったの」「お金が欲しいからじゃないのよ、こんな苦しい思いしているのにだれも責任を取らないことが許せないんだ」と静かに言った。

作業が終わって雑草の生い茂った庭に出た章陸さんは「ダメだ、ハーッ」と短いため息をついた。そのため息は悲しみと怒りと悔しさが入り交じっていた。8年が過ぎても、ふるさとを諦めきれず心の整理が付かない。

役場や診療所、保育園などのあった津島の中心部を国は特定復興再生拠点区域に指定し、住民を帰還させようとしている。だが、計画は津島全体（面積）の1・6%に過ぎず、「山菜やキノコも採れない。運動会も開けない何も出来ないところに帰れるのか？」とみな疑問に思っている。

結婚記念の写真が飾られていた。放射能汚染して持ち出せないと諦めている。（浪江町津島 2019年5月21日）

「このまま黙っていたら（原発事故が）なかったことにされてしまう。国と東電に責任を取らせたい」と三瓶さんは言った。

復興とオリンピックの大合唱のなかで津島の人々は声を上げ続けている。

神社の入口に掲げられた復興を願うのぼり。
「必ずふるさとに戻る」という揺るがぬ気持ちが込められているようだった。
（津島神社 2014年4月25日）

放射線の可視化——オートラジオグラフ

「宇宙を漂う星雲のようだ」「深海の発光生物か？」写真を見た人はさまざまな受け止め方をしてくれる。美しく、艶っぽくそして謎めいて光るものが見るものを惹きつける不思議な力を持っている。その正体を知った時、人びとは愕然とする。そして恐怖を感じる。

これはAutoradiograph（オートラジオグラフ）と言う。森敏・東京大学名誉教授（東京大学大学院農学生命科学研究科）の協力を得て放射能の汚染の実態を可視化したものだ。オートラジオグラフとは放射線に感光するＩＰプレート（イメージングプレート）に試料を載せ放射線を可視化したものである。今日、医療現場で使われているレントゲン写真はＩＰプレートだ。

２０１１年末、福島県飯舘村から採取してきたキビタキの死体を森敏東大名誉教授の協力で最初に映像化した。

腹部が全体的に黒いのは放射性降下物が付着した植物を昆虫たちが食べ、その昆虫たちを小鳥が食べた結果ではないか。食物連鎖によって濃縮して蓄積されたことを示している。羽にある黒い点は空気中に浮遊した放射性降下物が付着したものと思われる。

森教授によれば「事故当初はヨウ素-１３１が大量にあったのだがサンプル採取時にはほとんど消

軍手（採取地、飯舘村蕨平 2013年10月3日）

えてしまっている。セシウム－１３７やセシウム－１３４、さらに銀－１１０ｍ、テルル－１２９ｍなど東京電力福島第一原発から飛んできた放射性核種が出す主としてベータ線によって感光したものだと考えられる」という。

被曝を追って世界の核実験場、ウラン鉱山、核工場、チェルノブイリ原発、劣化ウラン弾で汚染されたイラクなどを取材してきた。そこには多くの人びとが被曝し、様々な病気になり、生まれてきた子どもたちに先天性の障害が起こり世代を越えて遺伝的影響がみられた。しかし、その原因となる放射性物質が出す放射線を写真で見せることが出来なかった。

そして、２０１１年3月11日、自国で史上最悪の核事故を体験し、放射能汚染を視覚化したいと模索を始めた。

国は事故直後から汚染の実態をひた隠しにし、

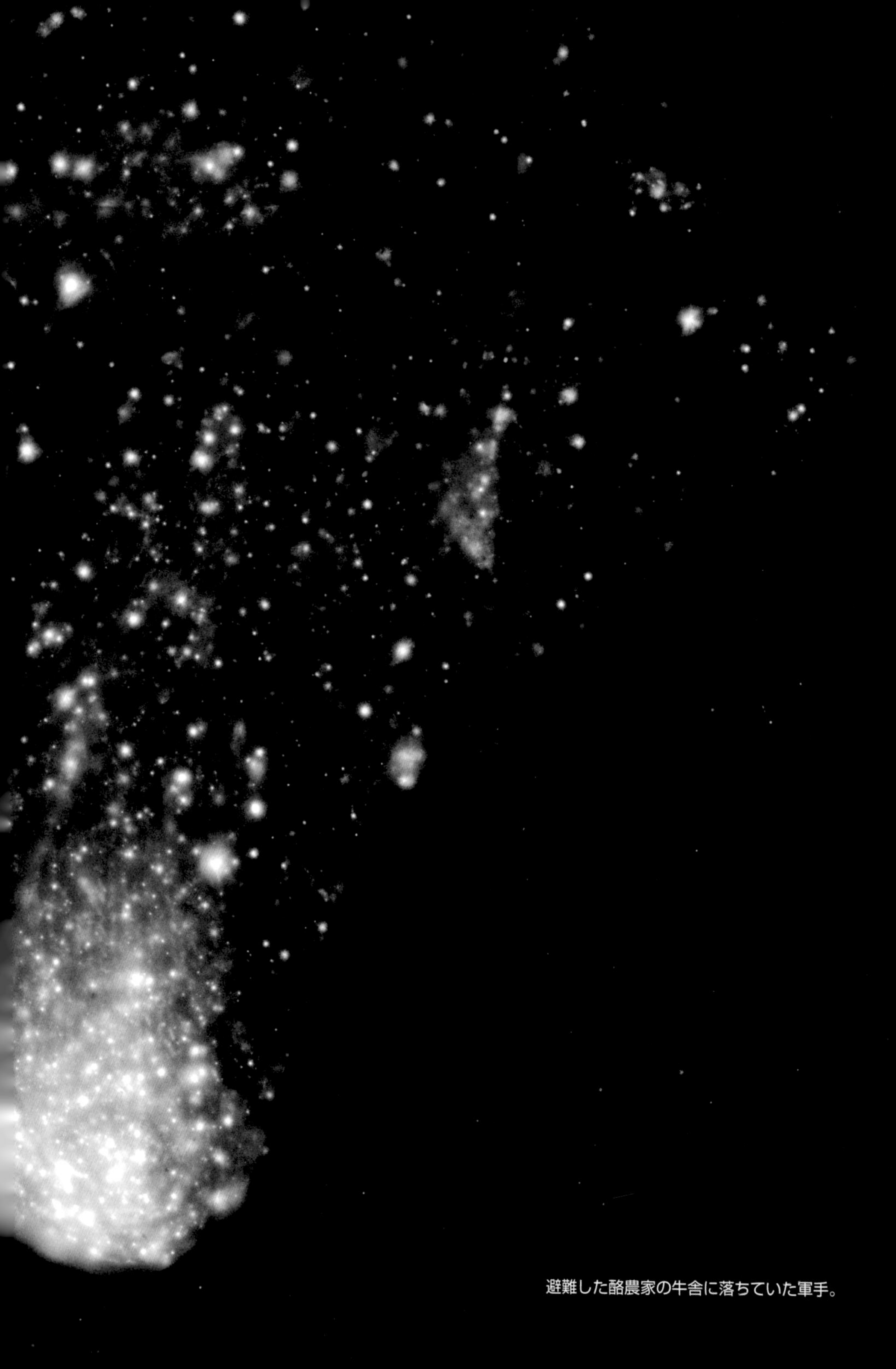

避難した酪農家の牛舎に落ちていた軍手。

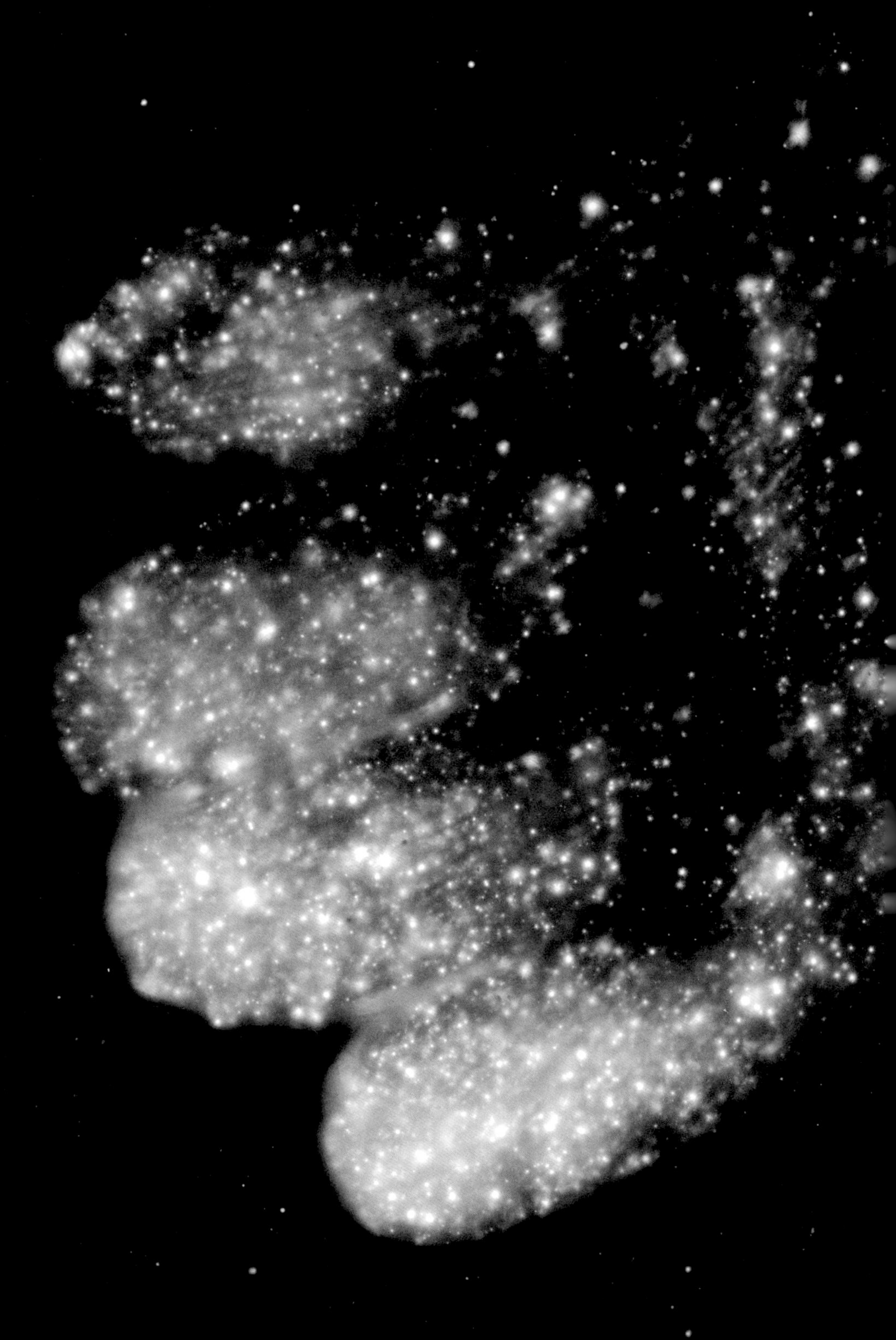

その影響を過小評価し人びとをだまし続けている。そして、福島を忘れさせようとしている。だからこそ、汚染の実態を視覚化し、国の言う嘘を暴かなければならないと思った。たどり着いたのがAutoradiograph（オートラジオグラフ）である。

1954年アメリカが中部太平洋マーシャル諸島ビキニ環礁で行った水爆実験によって、ビキニ環礁から東に160キロ地点で操業していた日本のマグロ漁船「第五福竜丸」が被曝した。この事件はヒロシマ・ナガサキから9年、日本全国に大きな衝撃をもたらした。水爆実験で大量の放射性物質を含んだサンゴの粉が第五福竜丸に降り注いだ。いわゆる「死の灰」だ。静岡県焼津港に入港した第五福竜丸には大量の「死の灰」が残されていた。

その灰をカメラのフィルム（4×5インチ）に感光させた写真が毎日新聞（昭和29年3月17日）に掲載され、放射能の恐ろしさを伝えた。その映像は読者に大きな衝撃を与えたという。

私が初めてマーシャル諸島の被曝者の取材に行く前に第五福竜丸記念館（東京・晴海）でその話を聞いたことを記憶していた。

そして、東大の森敏名誉教授との出会いで始まったAutoradiographはその後試行錯誤の末、写真用フィルムの方が、ディテールが細かく大きなプリントも可能なことからＩＰプレートをやめ、写真用のフィルムを使うようになった。

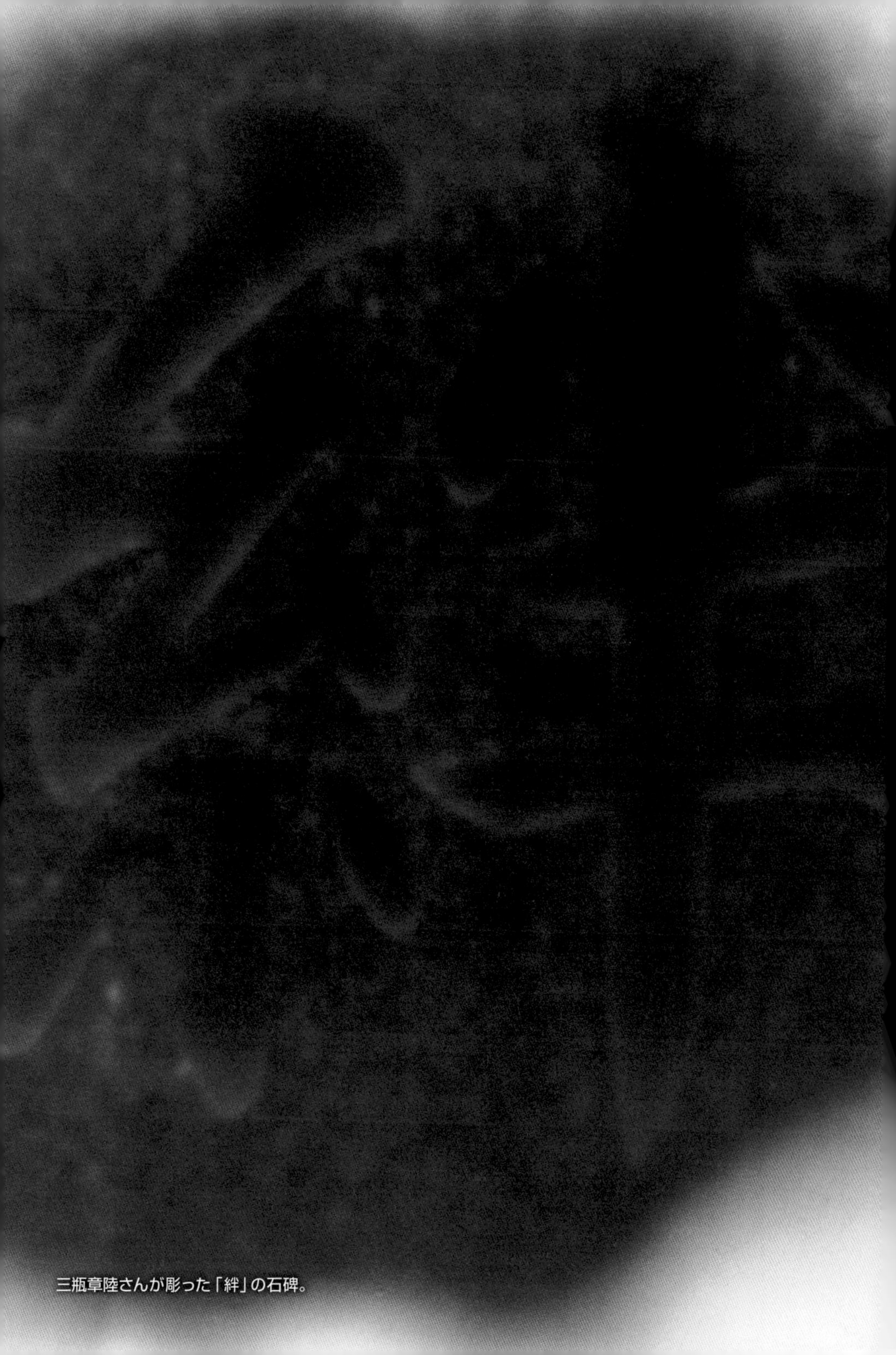

三瓶章陸さんが彫った「絆」の石碑。

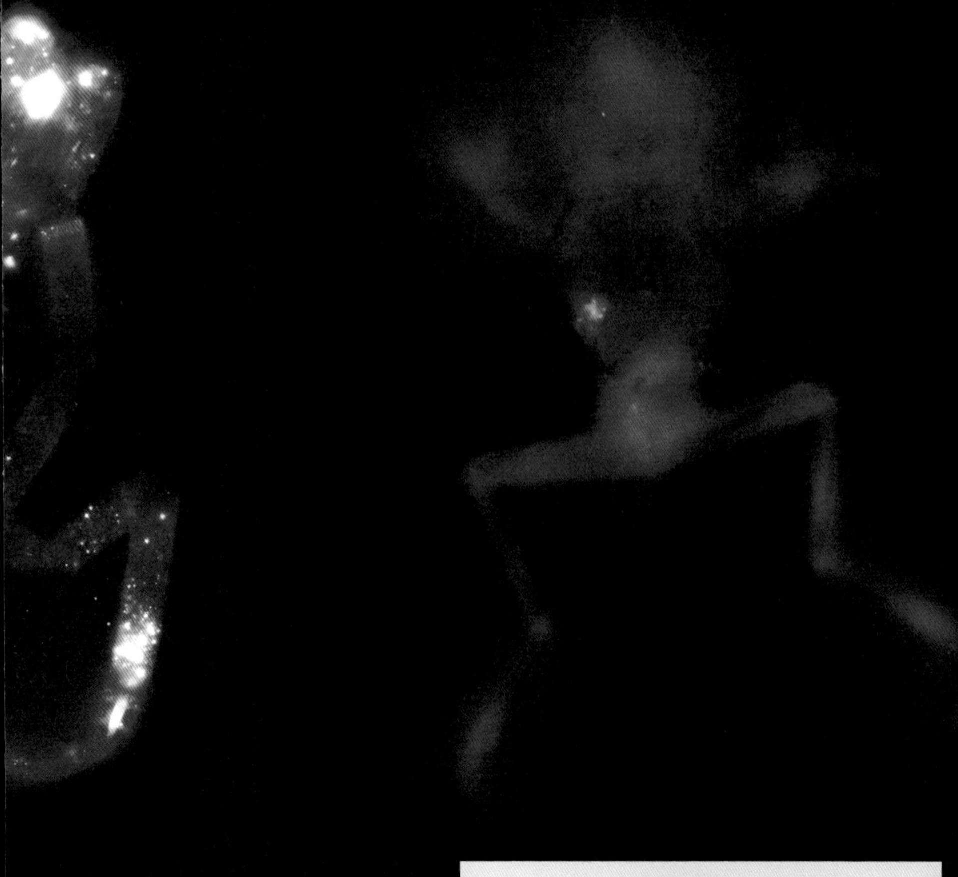

カエル
汚染した昆虫などをたべ、
内部被曝している様子がわかる。
（採取地、飯舘村小宮 2014年）

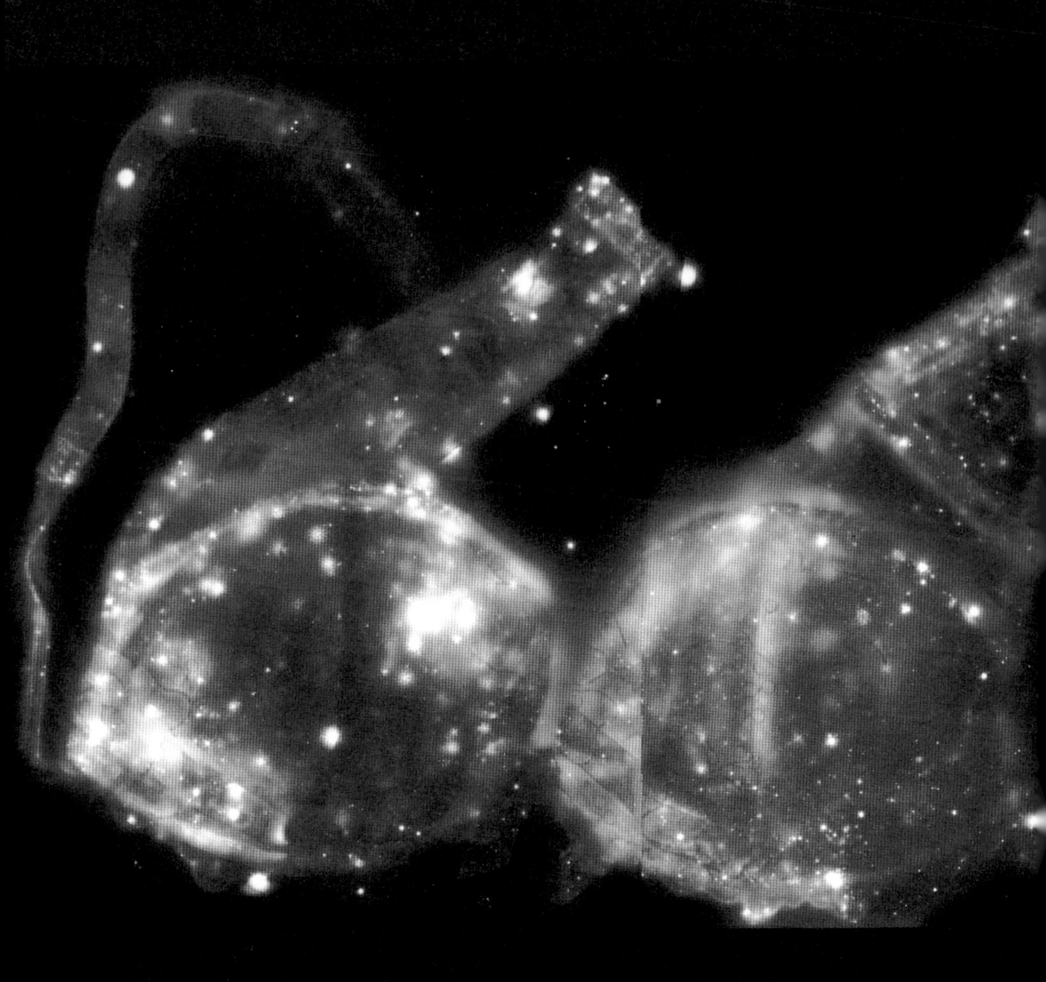

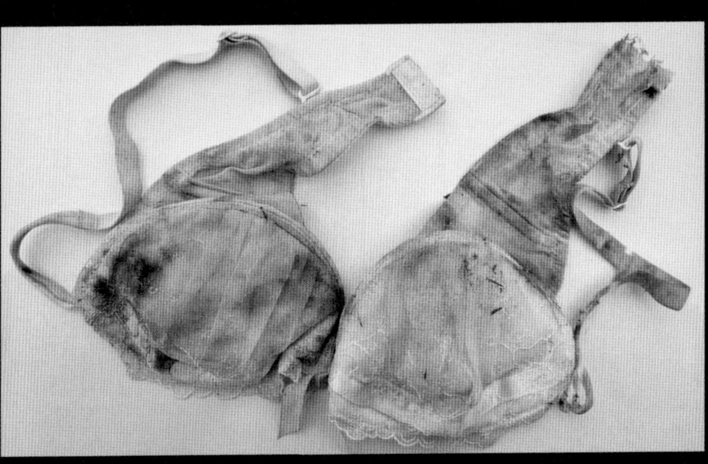

洗濯物を干したまま、慌てて避難した住民。雨樋の近くに落ちていた下着。
（採取地、双葉町 2016年）

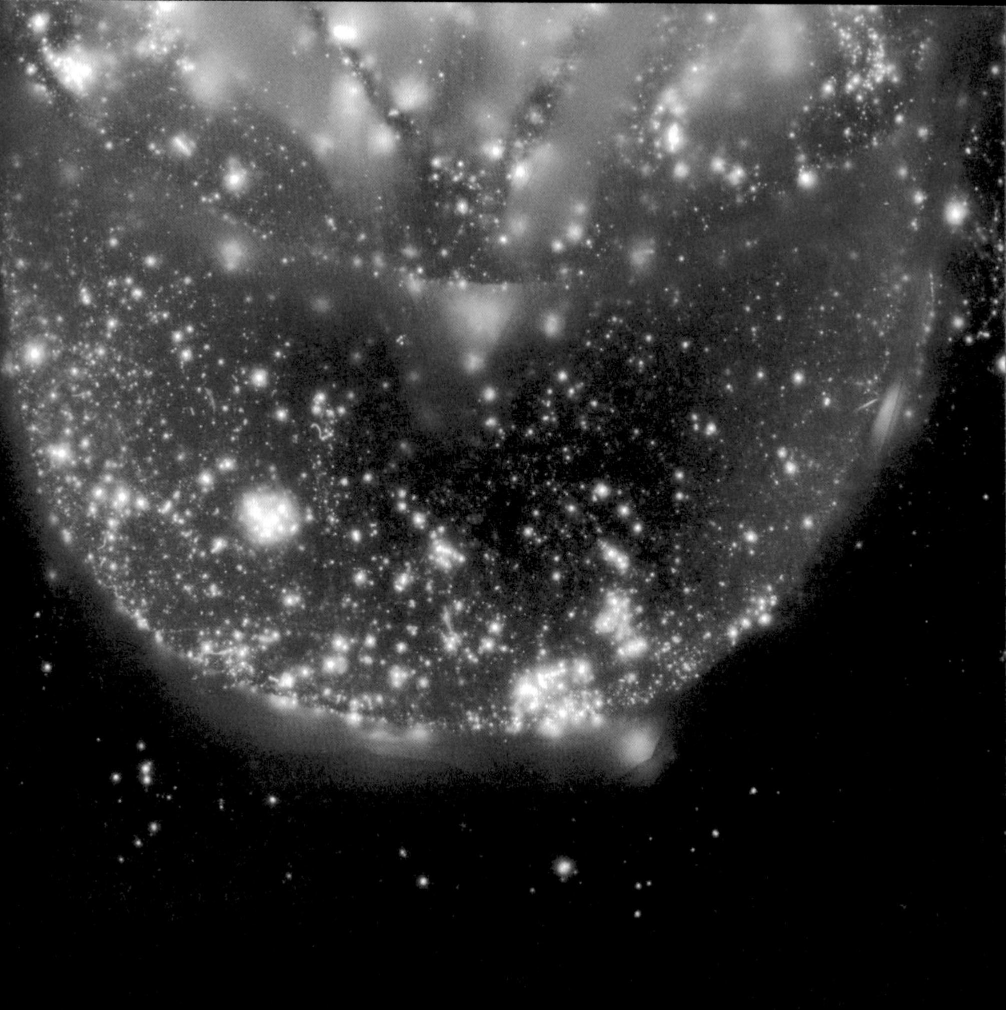

風呂場の焚き口に落ちていた帽子。
（採取地、浪江町赤宇木
2013年12月）

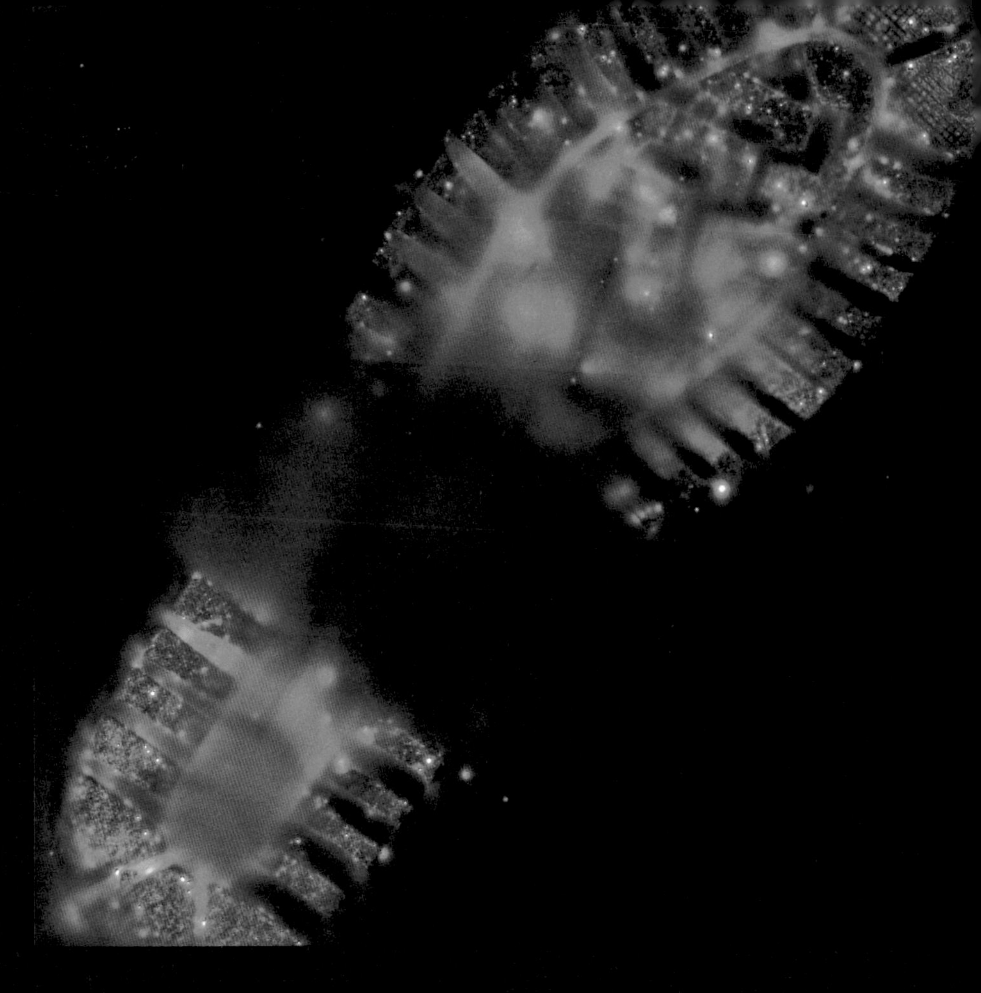

ゴム長靴
（採取地、飯舘村蕨平
2015年5月）

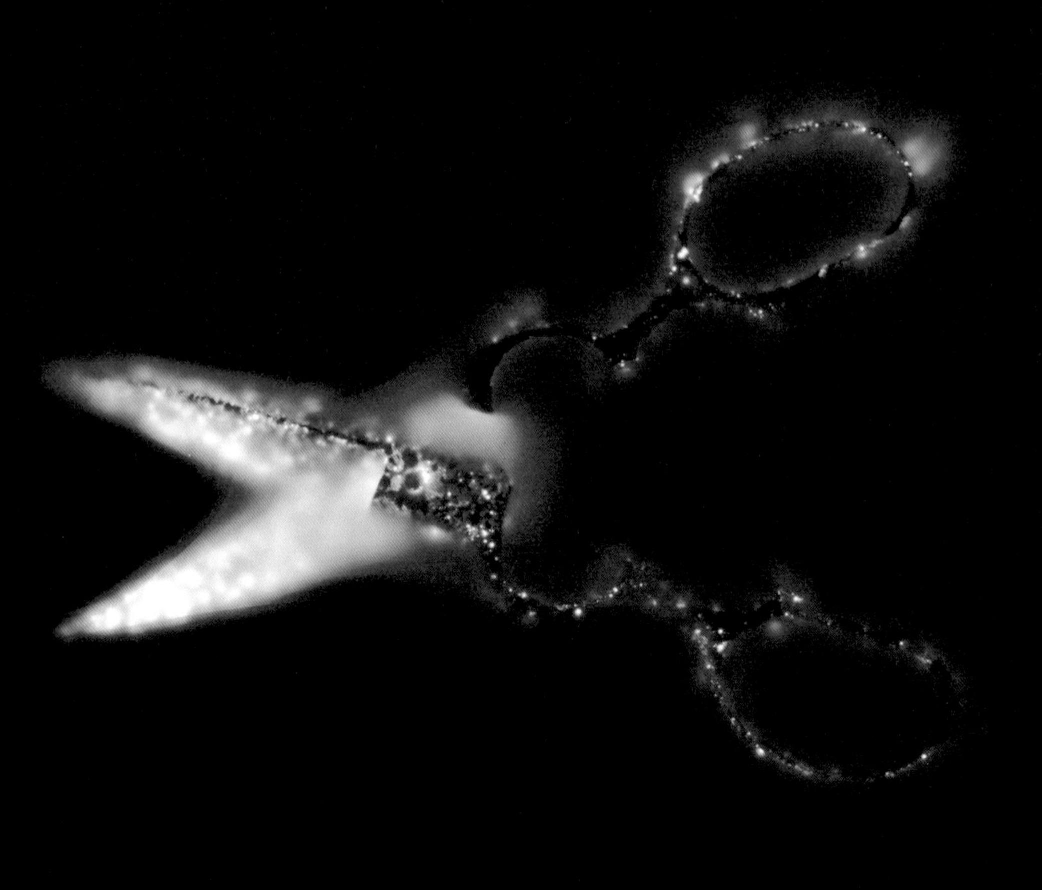

調理用はさみ
（採取地、浪江町大堀
2013年6月）

保育園の庭に転がっていた
幼児用サッカーボール。
（採取地、浪江町大堀
2013年6月）

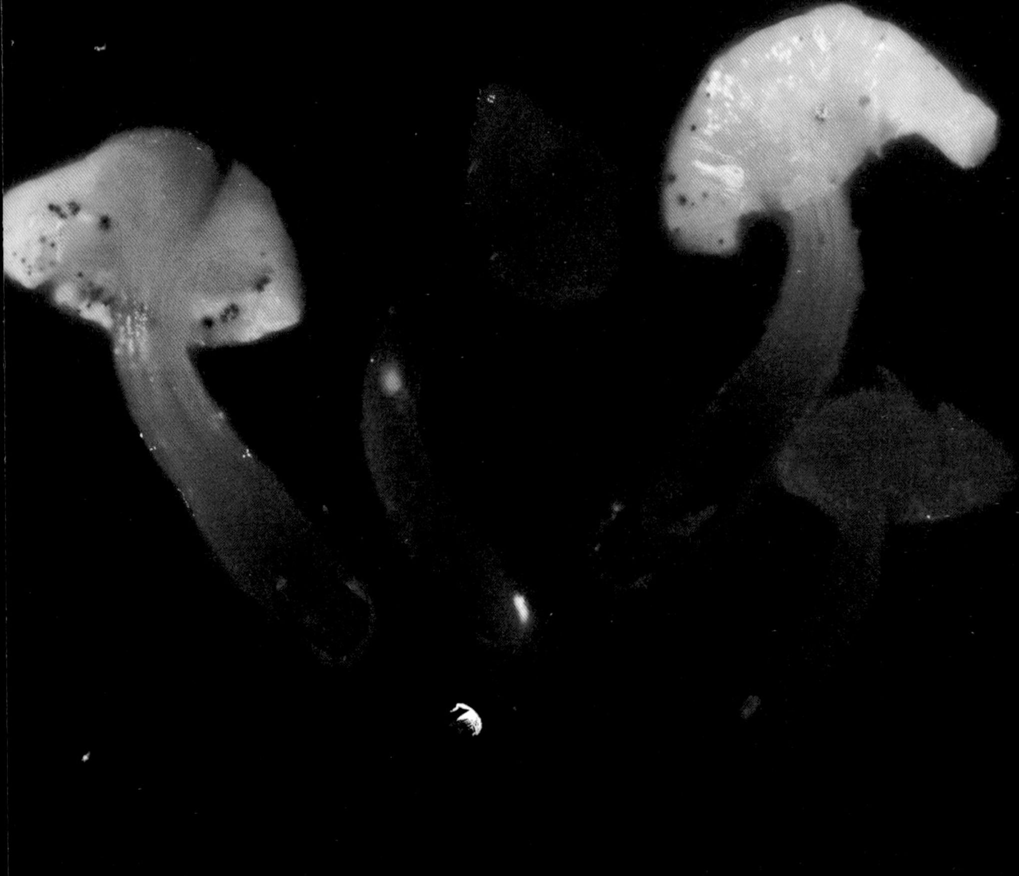

マツタケ
（採取地、飯舘村小宮
2013年10月）

築150年の家を守った

石井ひろみさん（71歳）

石井ひろみさんが夫とともに避難したのは3月15日だった。以来2年6ヶ月、身内宅や避難所やアパートなどに転居した。2015年9月福島市内の中古住宅に転居し、義母も一緒に住めるようになった。2019年11月に福島市内に住宅を購入し、夫と義母と息子の4人で暮らしている。ひろみさんは被災後7回避難先が替わったことになる。

ひろみさんが津島に嫁いだ家は築150年の旧家。夫は18代目だ。

横浜から嫁いできた都会育ちのひろみさんがまず覚えなければならなかったのは竈（かまど）で火を焚くことだった。以来、毎朝、最初の仕事は竈の火おこしから始めた。田植えなどの時にはたくさんの人が手伝いに来てくれた。隣近所が協力し合う「結い」という制度が残っていた。田植えの数日後お礼に竈で蒸（ふ）かした柏餅を200個も作り、手伝ってくれた近所や親類に配った。ひろみさんは竈を守り続け石井家を縁の下で支えてきた。20年後ぐらいから灯油のボイラーを導入したことで毎日竈は使わなくなったが、ひろみさんにとっては辛いこと、悲しいこと、楽しい思い出が宿った特別の竈なのだ。

福島第一原発事故が起こったのは結婚してちょうど40年目の年だった。

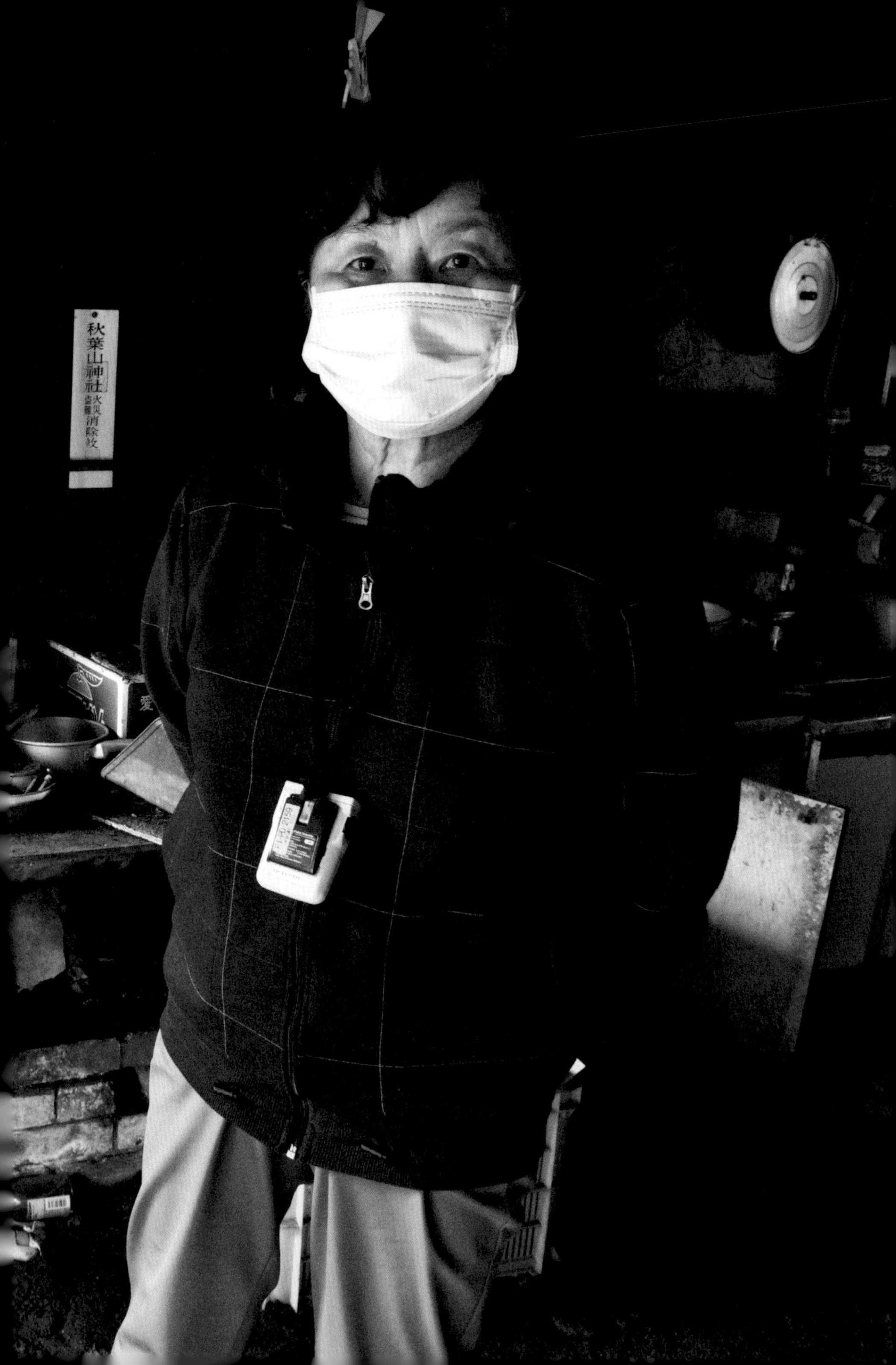
秋葉山神社
火災盗難消除攸

竈を使う暮らしは都会から嫁いだ石井ひろみさんにとってカルチャーショックだった。赤く燃える火を見つめていると、この家に嫁いできた女性たちのことに思いが至り、「ここが私のふるさとになると覚悟を決めた」と石井さんはいう。その竈の崩れるレンガを見て「ここで暮らした思い出も崩れるようだ」とぽつりと言った。
（浪江町津島 2019年3月22日）

玄関左の上がり框から入った部屋は24畳の大広間だ。伝統芸能の田植踊りはこの部屋で舞われた後、津島神社に向かった。（浪江町津島 2019年11月13日）

2019年8月、一時帰宅する石井さんに同行した。

二階建ての大きな家は国道114号に面している。その国道を除染で出た放射性廃棄物の詰まったフレコンバッグを満載したトラックが朝から夕方までひっきりなしに浪江町や大熊町、双葉町に向かって行く。

台所口の戸を開け、一歩足を踏み入れると、土間がぬかるんでいる。イノシシの仕業で掘り返された土砂が、山際からの雨水を逃がす排水路を埋めてしまった。そのため溢れだした雨水が家の中に流れ込んでいるからだ。よく見ると上がり框（かまち）の土台が水を含んで腐り始めていた。「これじゃ、もう直せない。こんな家の姿を見たくない」と言った石井さんは悔しそうに唇をかんでいた。

上がり框から神棚のある24畳の部屋、その奥に8畳の部屋が二つ続き、右奥に床の間のついた10畳の部屋がある。人寄せの時にはふすまを外して

築150年になる石井ひろみさんの家。（浪江町津島 2019年3月22日）

たくさんの人が集まった。

伝統芸能の田植踊りは庭元である石井家で最初に踊られた後、津島神社に奉納し、村中に出て行った。

石井さんが津島地区の公民館長をやっていた20年以上前、いわきの団体が受け入れていたチェルノブイリの子どもたちと交流をしたことがあった。海を知らない子どもたちを四ツ倉の海に連れて行った帰りのバスの中で「福島にも原発があり、もし事故が起これば私たちも同じような被害にあう」と子どもたちに話した。その時、まさか自分の身に降りかかってこようとはリアルに感じていなかった。

石井さんは「このまま黙っていたら、原発事故の被害はなかったことにされてしまう。国と東電の責任を問わなければ、ふるさとを取り戻せない」と津島住民とともに裁判に訴え、「ふるさとを返せ　津島原発訴訟」原告団の副団長を務めている。

帰還困難区域の津島をとおる国道114号は除染で出た汚染土や草木を浜通りの中間処理施設に運ぶ大型トラックの重要な輸送路になっている。（浪江町津島 2019年1月21日）

徐行
ご迷惑を
おかけします
この先
片側交互通行
SAFETY FIRST
徐
行
レンタカー

4万羽の鶏を飼う男の父は肺ガンで亡くなった

高橋和重さん（62歳）

高橋和重さんは事故当時、父・清重さんと一緒に4万羽の鶏を飼う養鶏家だった。清重さんは満州で旧ソ連に抑留され、帰国後、飯ごう一つ持って津島に入植し開拓を始めた。掘っ立て小屋に住み、荒れ地を開墾し、少しずつ畑にしていった。冬は炭を焼き、牛を育て土地を増やしていった。

長男の和重さんは必死に親の手伝いをした。20頭の牛の世話が終わってから学校に行った。親は子どもの学校よりも食うことに精一杯で、忙しい時には学校を休ませて手伝いをさせた。ようやく作物が育つようになっても毎年のようにヤマセ（冷害）に襲われ、収穫の出来ない年がたびたびあった。

1955年ころから父は気象条件の悪い津島で食っていくために、鶏の孵化場を作り養鶏を始めた。清重さんは津島の養鶏を最初に始めた人だ。その後、養鶏組合を作りその中心になって地域の発展のために尽くした。養鶏場の担い手になっていった和重さんは、経営面で意見の対立もあったが父と一緒にやるようになった。

「こんな風景を見るのはつらい」と雪の重みでつぶれた鶏舎の前でつぶやいた高橋和重さん。（浪江町津島 2019年4月26日）

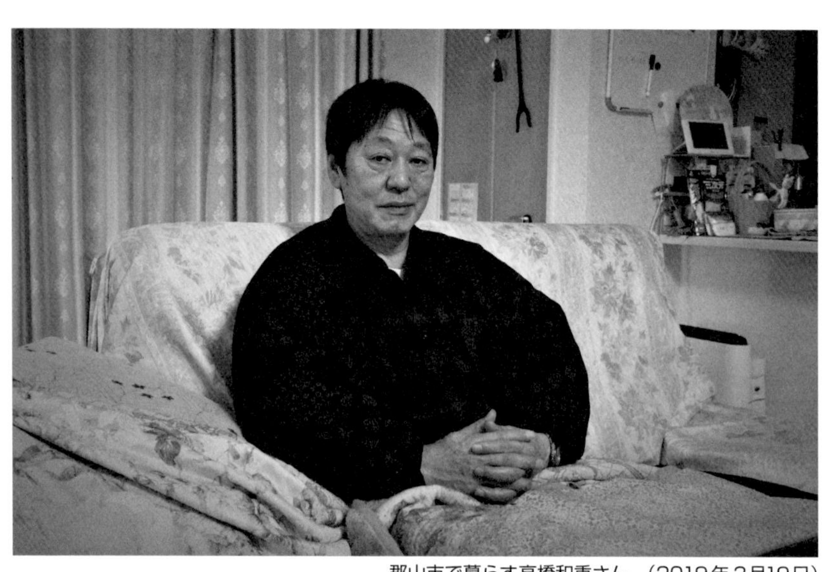

郡山市で暮らす高橋和重さん。（2019年3月19日）

福島第一原発事故当時、和重さんは町から避難命令が出ると、子どものことが心配だったので、鶏をそのままにして避難した。父親は鶏を放っておけないと避難を拒んだ。もう一つの理由は、ずらっと並んだ仮設住宅の建物がシベリアでの過酷な抑留生活を思い出させたのかも知れないと和重さんはいう。シベリアから帰国し、津島で血のにじむ苦労をし、築き上げてきた土地だ。そこから離れなければならない気持ちは痛いほどわかった。

結局、父が津島を離れたのは帰還困難区域に指定された2013年のことだった。

その年の秋、肺ガンが見つかり、翌年1月にあっけなく亡くなってしまった。和重さんは「ずっと高線量の所にいたから、被曝が原因だと思っている」という。

ソ連への抑留、原発事故で父清重さんは二度国に殺されたようなものだ。

事故前には小中学校の遠足というと原発見学だ

ニワトリを4万羽飼っていた高橋和重さんの鶏舎。ニワトリの羽が錆びた鉄製ゲージに張り付き当時の面影を残していていた。（浪江町津島 2019年4月26日）

った。原発は未来のエネルギーで安全だと教え込まれていた。だから、原発が爆発するなんて考えもしなかった。

今度の事故で「安全」ではないことがわかったのだから再稼働なんて、と思う。一旦事故が起これば人間は手も足も出せないことはよくわかった。放射能は世代を超えて影響があることをもっと認識しなければと思う。「原発はそもそも原爆開発で出来たんでしょ」

父の無念を晴らすためにも「事故を起こした国の責任をはっきりさせなければならない」と思っている。

「変わり果てた自宅や崩れた鶏舎を見たくないよ。精神的ショックが大きいし体調も良くないから津島に行きたくない。はやく除染して元の津島に戻して欲しい。親父の苦労がしみ込んだふるさとだから」

ほ
さし

立ち入り許可を貰わなければ
津島のお墓参りに行くこともできない。
汚染したところに納骨するのはいやだから。

墓地に納骨できない遺骨がおかれた長安寺
の本堂。現在は福島別院に100柱をこえる
遺骨が保管されている。
（浪江町津島 2013年12月18日）

松本屋４代目

今野秀則さん（74歳）

「ふるさとを返せ」と津島地区の住民は２０１５年９月、国と東電を相手に福島地裁郡山支部に訴えを起こした。今野秀則さんは原告団長となった。

２０１９年１月18日津島原発訴訟の第16回目の裁判が福島地裁郡山支部で行われた。この日は今野秀則さんの尋問があった。

東電側代理人が今野さんに対して「ダムに沈んだ村と比べ、みなさんは立ち入りが制限されているだけでふるさとは残っている」と発言した。

今野さんは「あの言葉を聞いて本当に怒りがこみ上げてきましたよ。原発事故でふるさとを失うということがどんなに辛いことなのか？　私たちは一瞬のうちにふるさとを奪われた。ダムに沈んだ村は住民の合意があってのことでしょう」と唇をかみしめた。「賠償金を払えばなんでも済んでしまうこともあるが、それでは国と東電を免罪することになってしまう」と語気を強めた。

２０１９年３月、今野さんの案内で帰還困難区域の自宅を訪れた。旧道に面した今野さんの家は学校、浪江町役場津島支所、保育所、診療所、交番などが集まる津島の中心部にある。

津島の中心部にある松本屋旅館。（浪江町津島 2019年3月1日）

木造2階建ての松本屋旅館という看板が掛かった建物は一階の玄関脇の窓が段ボールでおおわれていた。避難後何者かに壊されたという。

今野さんは県庁職員を定年退職し、家業の旅館を引き継いだ。松本屋という屋号は4代前の曽祖父の旧姓が松本だった。その名前を残したいと「松本屋」にしたという。

一時帰宅する度に窓を開け掃除をしている。磨き抜かれた玄関の上り段。手際よく作業をする今野さんの背中から、できることならこの旅館を守り続けたいという思いが伝わってくる。

「簡単に取り壊す決断がつかない。考え始めると夜も眠れなくなるのです」と今野さんは言う。

勝手口の窓を開けると道路が見える。その道路を金色のキツネが横切った。昔は町中に出てきたことなどなかったのにと、今野さんは藪の中に消えたキツネの姿を追っていた。

今野秀則さんは松本屋旅館の4代目に当たる。
（浪江町津島 2019年3月1日）

果たして帰還困難区域の解除をしたあと住民は戻れるのか？
「わずかばかりの地域を除染しインフラを整えるだけでは戻れないでしょう。破壊されたコミュニティーは元に戻せない。私たちは『津島全体をきれいにして返せ』と要求しているのです」と今野秀則さんはいう。
「生活はできるだろうけれど、暮らしはできない」と放射能被曝、環境問題を研究する木村真三氏（獨協医科大学　放射線衛生学）はいう。「広大な山の除染はそのままで、山菜やキノコは食べられない。川魚、イノシシなども汚染している。子どももいない、高齢者だけのところで暮らしは成り立ちませんよ」と断言した。
「地域全体の除染は難しいから出来ませんというのは東電がくっつけた理屈だ。そもそも、覚悟の上で原発を動かしてきたんでしょう」と今野秀則さんは強い口調でいった。

一時帰宅のたびに部屋の空気を入れ替え、掃除をする今野秀則さん。ここが高濃度の汚染地帯であることを忘れてしまうほど掃除が行き届き管理されている。（2019年３月1日）

「私たちの声はコロナや復興五輪の大宣伝でかき消されている。国は被災者に真摯に向き合うといいながら、原発ＡＤＲ（原子力損害賠償紛争解決センター）で賠償の打ち切りなど被災者に対して不誠実な態度をとり続けている」と住民不在の復興計画に怒りの声を荒らげた。

現在は大玉村に住む今野秀則さん。玄関先の庭に置かれた御影石には「この地を終の棲家と定める」と書いてある。だが、今野さんの心の内はふるさとへの思い絶ちがたく、揺れている。（2019年３月1日）

福島地裁郡山支部で判決の出た翌日、群馬からの支援者が津島を視察した。百聞は一見に如かず。多くの人が現地を訪れた。実情を知って欲しい。（浪江町津島 2021年7月31日）

「ふるさとを取り戻そう」二人の元町議会議員の呼びかけ

三瓶宝次さん（85歳）と馬場績さん（77歳）

２０１２年12月25日、福島県文化センターの小ホールには浪江町津島の住民３００人が集まっていた。国は２０１３年4月から避難区域再編で津島地区を帰還困難区域に指定するため、内閣府と環境省の住民への説明会が開かれたのだ。

集まった住民から不安や質問が次々とだされた。だが、住民が納得できる説明がなされないまま議事は終わろうとしていた。

そのとき会場から池田寿一さん（61）が壇上にいる国の役人に「津島には何年たったら帰れるようになるのか?」と質問した。

環境省職員が「帰れるようになるまでには１００年かかる」と、何の感情もなくはっきりと言った。会場は一瞬、静まりかえりその直後にざわめきが起こった。住民が一番聞きたかったことへの答えが「１００年帰れない」だったからだ。「軽く考えないでください」と池田さんは小声でつぶやいた。誰もが「津島は見捨てられる」と強く思った。この日は津島の人びとにとって忘れることが出来ない日となった。

住民とともに説明会に出席していた三瓶宝次さんと馬場績さんは「津島を消滅させてはならない」と強く思った。
二人は津島出身の浪江町議会議員だった。三瓶さんは自民党、馬場さんは共産党だ。事故前までは二人の原発に対する立場は180度違っていた。だが、原発問題以外では津島地区の発展のために協力し、尊敬し合う関係だった。
三瓶宝次さんは日本テレビ系で全国放送されていた「鉄腕 ダッシュ村」に土地を貸していた。アイドルグループのＴＯＫＩＯが古民家の再生や農作物の栽培、動物の飼育などに励む番組だ。三瓶さんは当時町議会議員だったため、番組には一切顔を出さず裏方に徹し、出演は親戚や村の人たちに頼んでいた。

チェルノブイリに行った三瓶宝次さん

三瓶宝次さんは事故の起こった2011年の秋、チェルノブイリを視察した。
チェルノブイリ原発事故から25年。いまだ人の住めない30キロ圏内は廃墟となっていた。原発近くのチェルノブイリ市の入口には事故で消えた168の村の名が書かれたプレートが墓標のように立てられていた。
「津島も5年10年したらこのようになってしまうだろう」……。ふるさと津島の風景が脳裏に浮かんだと三瓶さんは言う。

自宅が見下ろせる墓地に墓参りに来た。「このままでは村が消えてしまう。早く除染して孫子の代まで住めるようにして欲しい」と静かにいう三瓶宝次さん。（浪江町津島 2019年 3月23日）

チェルノブイリ訪問から2ヶ月後、国の説明会に参加した三瓶さんは何もしなければ地図から津島は消されてしまう、と強く思った。

その後、二人は「津島を消滅させてはならない」と議会の合間を縫って何度も相談した。また、川俣町山木屋地区の「ADR申し立て相談会」などにも出席、「賠償請求」のとりくみについても学んだ。二人は、住民に呼びかけて2014年11月「原発事故の完全賠償を求める会」を結成した。「このまま黙っていたら何もなかったことにされてしまう」「国と東電の責任をはっきりさせ、もとのふるさとに戻して返して欲しい」「ふるさとに毒をまかれ、許せない」と、「原発事故の完全賠償を求める会」を母体に「福島原発事故津島被害者原告団」をつくり2015年9月に福島地裁郡山支部に提訴した。原告に加わった住民は290世帯680人（第7次提訴まで）。津島の人口の半数の住民が参加した。

三瓶宝次さんは6期24年間町議会議員を務め2017年に引退した。2011年の事故が起こるまで、町の発展のために原発は必要という立場だった。

2007年まで議会議長を務めた後、2009年まで建設計画中だった浪江・小高原発を誘致促進するための「地域共生型電源開発特別委員会」の委員長を務めた。同原発の用地買収は根強い反対派の抵抗で2軒の買収が出来ず膠着状態になっていた。「どうにもならない状態だった」と三瓶さんは当時を振り返る。

東電や国や県はたっぷりある予算を使って近隣住民を原発立地県への視察旅行などに連れて行った。

一時帰宅した三瓶宝次さんと妻の孝子さん。
（浪江町津島 2019年4月28日）

「原発は鋼鉄と分厚いコンクリートの壁で何重にも守られているから安全だ。原発が出来れば地域に雇用が生まれ、出稼ぎも必要ない。町は豊かになる」と安全神話と豊かな未来を宣伝した。

しかし、福島第一原発・第二原発ではたびたび事故が起きていた。その度に東電の職員が町役場に説明に来た。三瓶さんが「もし万一、取り返しのつかない大事故が起きたらどうすんだ」と質問すると東電職員は「大事故は起きません」と断言した。「あの時は少し不安だったが、安全神話にどっぷり浸かっていたんだな。反対する雰囲気じゃなかった」と振り絞るように言った。

2011年3月東日本大震災、福島第一原発事故の発生。

事故前には報告や説明に頻繁にきていた東電職員がぱったり来なくなった。そして、原発に対する考えは180度かわった。三瓶さんはいま忸怩たる思いでいる。

牛飼いだった馬場績さん

1890年（明治23年）津島の椚平地区に最初に入植したのは績さんの曽祖父だった。

浪江町津島椚平1番地。ここが馬場績さんの自宅の住所だ。椚平で一番初めに入植したからなのか？曽祖父は沢の下流の扇状地のような肥沃な土地を開墾した。小さな棚田を何枚もつくり、椚平で初めて稲作を始めた。標高320メートルの高地で3、4年毎にヤマセ（冷害）が襲い、厳しい自然条件で反収も少なかった。績さんが子どもの頃には6反5畝の水田になっていた。

津島は戦後、国の食糧増産政策で満州や樺太からの引き揚げ者やシベリア抑留者が入植し、人口は一気に増えた。入植は400世帯、村の人口は4500人に達した。

農地に適した条件の良い山林は遅れて入植した人に残っていなかった。山奥の痩せた土地に掘っ立て小屋を建て、イモをかじって早朝暗いうちから夜遅くまで月明かりを頼りに山を切り開き、やっと作物が育つようになる。

『沢先地区開拓50周年記念誌』には福島県から赴任した保健婦の渡辺カツヨさんの手記が載っている。薬はなく、みすみす死なせた話は珍しくない。夜中に急患の知らせをうけ駆け付けた掘っ立て小屋には呼吸困難の子どもを母親が炉端で抱えている。どうして寝かせないのかと周りを見渡すと木の葉を敷き詰めた上に布を敷いただけで布団がないのだ。温湿布しようにも布がない。しかたないので自分の汗をぬぐった手ぬぐいを温湿布に使った、など極貧の命がけの開拓の暮らしが記録されている。

馬場さんは小学3年生のころ（1953年）の冷害を今も思い出す。「今年の出来はどうだっぺな」と親父がつぶやきながら俯いて囲炉裏に向かって座っていた姿が心に残っている。

その年の収穫は皆無だった。翌年は麦が主食になり、麦もなくなった同級生の家はカボチャばかり食べていた。そのせいで彼の顔が黄色になっていた。

あるとき、同級生が突然学校に来なくなった。貧しい暮らしから抜け出すため夜逃げ同然に村を出て行ったのだ。その同級生のことは今でも思い出す。

残った開拓者は半分ぐらいになった。「それだけ厳しい環境だった」と振り返る。津島のもう一つの歴史は命がけの開拓者が作った歴史でもあった。旧津島村役場（現浪江町役場津島支所）の入口には先祖の苦闘を後世に残すため開拓記念碑が建っている。

馬場さんは高校を卒業したあと福島市や喜多方市などで働き、1979年（昭和54年）35歳の時、

このままでは村がなくなってしまう、と危機感を共有した元町議会議員の三瓶宝次さんと馬場績さんは住民に呼びかけ国と東電を相手に「ふるさとを返せ」と裁判を起こした。
（浪江町津島 2021年 5月13日）

馬場績さんは原発事故当時８頭の牛を飼っていた。
（浪江町津島 2021年５月13日）

一時帰宅した馬場靖子さん。イノシシが荒らした室内で写真のネガを見つけた。教師だった靖子さんは事故前から村の写真を撮り続けていた。事故前の暮らしを知る貴重な記録が残されている。
（浪江町津島 2019年４月26日）

実家の農業を継いだ。冷害に強く、労力も少なくて済む和牛の繁殖を始めた。当時、津島で育てられた子牛は市場に出すと「牛の子じゃなくて熊の子だ」と陰口を言われ悔しい思いをした。いつか津島を和牛の産地にしようと、繁殖牛農家が集まって繁殖研究会をつくった。農家の努力で次第に市場評価も良くなっていった。

１９８７年、浪江町議会議員になり2期目は8票差で落選したが、その後２０２１年まで議員を続けた。浪江町議会議員になってからも牛を飼い続けた。議会開期中に牛のお産が始まると仲間が牛舎に駆け付け手伝ってくれた。

その間に津島中心地に津島活性化センターの実現や梅の里づくり、浪江高校津島校の存続など三瓶さんと協力しながら津島の発展のためにたくさんの仕事をしてきた。

原発に賛成してきた自民党町議会議員だった三瓶宝次さん、原発に反対してきた共産党町議会議員だった馬場績さん。二人の町議は事故後、被災者として同じ立場に立つこととなった。

裁判は6年の審理を経て２０２１年7月30日に判決が言い渡された。

福島地裁郡山支部での判決の2ヶ月前、二人にお願いし津島で写真を撮影させてもらった。

車中で三瓶さんは「津島には豊かな自然がありキノコや山菜がいっぱい採れた。農地も豊かな土があった。それを追われて悔しくてならない。元の自然を返して欲しい。お金ではなく津島の自然を返して欲しい。子や孫に残してほしい」と車窓の外の風景を見つめていた。その視線の先には10メートルを超す柳が生い茂る風景がひろがっていた。そこはかつて何世代にもわたって耕し続けてきた田んぼだった。
三瓶さんと別れた後、椚平の馬場さんの自宅に行った。
国道114号沿いにある馬場さんの屋敷には見事なしだれ桜がある。1年前の春、満開の桜を撮影したという話をしてくれたことを思い出した。「あーここで生まれて苦労して育ってきた。桜の下で写真撮るぐらいで素通りする（ことしかできないという）この胸苦しさ。無念さ。うんうん。ふるさとを奪われたものの悔しさ。うんうん。だってなんーも悪い事してないんだよ俺は。うん、俺だけじゃないみんなだ。あそこを何で逃げるようにして通らなくちゃいけないの？」「原発事故さえなければ……」。馬場さんの声が震えていた。
「俺にとってふるさとは何だ？？？　一言で言えば〝おれの命の源だ〟奪われてみて改めて考えることだ」と。
２０２1年春、馬場さんは9期36年勤めた浪江町議会議員を辞めた。「これからの人生を裁判の勝利と、ふるさとの復興と再生を願って、住民とともに津島に戻る日のためにがんばる」と。

原発事故前、南津島下冷田地区と下津島の住民たちは道沿いに130本の桜を植えた。住民たちは、事故後も桜の手入れを続けてきた。
（浪江町下津島 開拓五十周年記念碑前で 2019年4月28日）

いつでも元気

復活した赤宇木の田植踊りと獅子舞

福島第一原発事故によって帰還困難区域になった福島県浪江町津島の赤宇木集落に残っていた郷土芸能の田植踊り（福島県指定重要無形民俗文化財）が２０１９年11月24日、13年ぶりに二本松市内で上演された。

会場には避難先からたくさんの住民が駆けつけた。

「ヤーレ　ヤレヤレヤレ　これのお旦那様はおうちに御座りましたか？　明きの方からお田植えが千人も万人も　ムリリ　ムリリなどと参りました。まず田の水の按配でも見てやろう　水口が少し高い、ストトントン、トンと踏み下げて　水按配もできました　ホイ」と鍬頭が春、種まきの準備のために田んぼに水を引く口上を述べながら、フクベ（金色の棒―男のシンボルで子孫繁栄の意味がある）を振り回して、舞台一杯にふれて回る。その仕草はどことなくユーモラスで心が和む。演じるのは鍬頭一人、唄（口説）二人、太鼓二人、早乙女五人、ササラ二人（子ども）。田植踊りの前に演じられる獅子舞に二人、赤宇木郷土芸術保存会の総勢14名だ。

13年ぶりの上演に保存会のメンバーは緊張していた。

その空気が客席へ伝わる。ざわついていた会場から拍手がわき起こる。みな待ちに待った田植踊りの始まりだ。

避難先の茨城県日立市から見に来た関場和江さんは夫の健二さんが獅子を演じた。「震災から9年がたったが昔に戻ったような気持ちだった。避難の苦労を忘れさせてくれた。みんなが会うときは黒いネクタイ（葬儀）した時ばかりだったが、今日はみんなの笑顔を見ることが出来てとても嬉しい」長女の佐藤里美さん（36）も一緒だった。「小さい時は父が踊っていたので何度も見ていた。最後に見たのは私が妊娠しているときでした。安産祈願と子どもたちが元気に育つことを願って獅子舞を舞ってもらった。頭をかじってもらった事が印象に残っています。今回見逃したら一生見られないと思って茨城県日立市から見に来た。なつかしい津島の人に会えて、ひとつの家族や親戚にあったような思いがこみ上げ、当時にタイムスリップしたようだった」と声を詰まらせた。

２０１１年３月の東日本大震災と福島第一原発事故や津波で流された地域でおよそ60ヶ所の田植踊りがあったと言われている。同震災後いち早く復活したのが地域に残された伝統芸能だった。

しかし、浪江町津島の赤宇木地区は放射能汚染のためいつ戻れるか分からない地域になってしまった。避難でバラバラになり集まることが困難で保存会のメンバーも高齢化した。住民の多くが「もう見られない」と思っていた。

赤宇木の人たちを説得したＮＰＯ法人民俗芸能を継承するふくしまの会理事長の懸田弘訓（かけたひろのり）さん（84）は「民俗芸能は地域の人びととの最後の心のよりどころとして、地域の繋がりを確認できる大切で必要なものなのです。衣食住だけ満たされてもふるさとで生きたいと願う人たちには満足できないのです。いつ帰れるか分からない赤宇木の田植踊りは演じる人がいなくなっても復活できるように記

田植踊りを映像記録に残すため復活させた赤宇木の人たち。原発事故は住民の心のよりどころにしていた伝統文化も奪ってしまった。（二本松市 2019年11月17日）

録してもらうことが今回の目的だった」と言う。
田植踊りの歴史はよくわかっていないが、会津地方で始まり中通り、阿武隈山中の村々に伝わり、次第に洗練された踊りになっていったと言われている。
田んぼの農作業を踊る早乙女たちの衣装は留袖の着物だ。既婚女性が着る最も格の高い礼装の留袖である理由を「かつて阿武隈山中の村々は1年おきにヤマセ（冷害）が襲い、そのたびに飢饉に見舞われた。豊年満作の願いはとりわけ強くなったのだろう。無力な農民にとって豊年満作を神に強く願わざるを得なかったのでしょう」と懸田さんが解説していた。

およそ20分。演者の額から汗がしたたり落ちる。
高齢者が舞うのは体力的にとても大変なことだ。昔は1時間以上に及んだというが「1時間やったら、倒れてしまうよ」と鍬頭を演じた志田昭治さん（70）。自分が舞えるのはこれが最後だと肩の痛みをおして舞台に臨んだ。舞台に上がると懐かしい顔がたくさん見えた。「胸が一杯になって口上をしゃべれなくなりそうなので、客席は見ないようにしていた」と息を弾ませ興奮気味に語ってくれた。
早乙女を演じた石井大（たかし）さん（43）は小学校2年生の息子と一緒に出演した。大さんは震災前から早乙女を演じていた。息子の理仁さん（10）はお父さんが子どもの時にやっていたささらを演じた。仕事の都合で2回しか練習できなかったが「身体が覚えていたので何とか出来た。息子と一緒に出来たことが何より嬉しい」と理仁さんを見つめた。
大さんは生まれたときから津島を離れることがなかったので田植踊りは特別の思いがある。「ふる

上：悪魔払いのために、田植踊りの前に演じられる獅子舞。
（二本松市 2019年11月17日）
下：鍬頭役の志田昭治さんは持病の肩の痛みをこらえてユーモアたっぷり20分間演じ続けた。
（二本松市 2019年11月17日）

さとの風景が目に浮かんで胸が締め付けられるようだった」という。
息子の理仁さんにササラをやってくれないかと誘ったら二つ返事でやってくれた。本来は小学校の高学年でやるのだが、何とかやってくれた。
「お父さんと一緒だったのでちょっと緊張したけれどうまく演じられて良かった。恥ずかしくて友達に話していない」と話してくれた。
赤宇木郷土芸能保存会会長の今野信明さん（69）さんは「避難先がバラバラになったので、だれも田植踊りが出来るとは思ってもみなかった」と振り返る。

再演に向けて働きかけた懸田さん（前出）とともに赤宇木の保存会のメンバーの気持ちを動かしたのは区長をつとめる今野義人さん（77）さんだった。今野さんは保存会の元会長で顧問のような存在だ。再開に向けた話し合いで一度は断念したが再度の懸田さんの働きかけを受けて、保存会の仲間に再演を呼びかけた。
「再現できたことは良かったが、何かしっくりいかない」と言う。「いくら他所で演じることが出来ても赤宇木じゃなければダメなんだ」と今野義人さんは腕を組み窓の外を見つめた。
二本松市の再演会場には津島原発訴訟原告団長の今野秀則さんの姿もあった。
裁判で国と東電は「避難先に家を建て、さまざまな賠償は終わった。まだそれ以外にも欲しいのか」と言わんばかりの質問を原告に浴びせてくる。
「私たちは原発事故によってふるさとを奪われたのです。財物の損害だけではないんです。地域社会

客席では久しぶりの再会を喜ぶ赤宇木のひとたちの笑顔があった。（二本松市 2019年11月17日）

に根付いた誇りや喜び、人びとの人格を養ってきた場所が奪われたんです。何世代にもわたって築き上げてきた歴史や文化。それを将来にわたって伝えることが奪われたんです。裁判を起こしている最大の理由はその怒りなんです。まして、伝統芸能は地域社会が培いはぐくんで成立した芸なのですから、そこ（津島）から離れてしまうと一般的な芸能とかわらなくなる。地域社会の人びとの思いがこもって、そこで上演するからこその復活なんですね」と今野秀則さんは言う。

国や東電は目には見えないが地域社会が大切にしていた歴史や文化、人びとの繋がりが失われた事に対しての認識も謝罪もない。

かつて田植踊りは津島地区には上津島、下津島、南津島、赤宇木の四つの集落にそれぞれ伝えられていた。原発事故が津島の人びとの心のよりどころを奪ってしまった。

牝獅子を中心に左右に太郎獅子、次郎獅子。演者の高齢化と原発事故で避難した住民は県内外に散りじりになり、継承出来なくなった。浪江町津島字上津島の今野正悦さんの家は三匹獅子の庭元だ。この家も解体された。
（浪江町津島字下津島 2019年 4月23日）

村を測る――記録を残さなかったら、なかったことにされてしまう

今野義人さん（77歳）

赤宇木（あこうぎ）の田植踊りの復活や津島の伝統芸能を保存するために奔走していた区長の今野義人さんは「測り人」として、赤宇木地域の放射線量を毎月測り続けている。

２０１９年４月30日、今野義人さんらの放射能測定に同行した。赤宇木の集落入口ゲートで警備員に一時立ち入り許可証を見せ、ゲートを開けてもらう。

しばらく走ると、前方にサルの群れが道路脇からこちらを見ている。測定係の今野邦彦さん（62）が民家の入口で線量測定を始める。「５・37（毎時マイクロシーベルト）」と聞こえた。義人さんは記録紙に数値を書き込んで「３・８まではまだほど遠いですね（※国が帰還困難区域から帰還させる被曝基準値　年間20ミリシーベルトの毎時の換算数値）」と言った。

避難して8年が過ぎた赤宇木の民家は多くが背丈を超える雑草に覆われ、道路から玄関先が見えない家が多い。近くの藪で「ケン、ケーン」とキジが鳴いた。

今野義人さんたちが放射能測定を始めたのは事故の年の7月からだ。

２０１１年7月、避難先の裏磐梯に今野さんが赤宇木から避難した翌日の3月16日と17日の放射能

放射線測定のモニタリングポスト付近を徘徊するニホンザル。野生動物への被曝の影響は継続的調査が必要だ。（浪江町赤宇木 2020年5月13日）

測定値を知らせてくれた人がいた。一番高いところで毎時１６０マイクロシーベルトあった。本当なのか？　半信半疑だった。しかも、当時はこの数値の意味はよくわからなかった。

赤宇木から避難する時「危ないから」ということだけで避難させられた。放射能汚染しているとは誰も教えてくれなかった。

当時、赤宇木には浪江町の方からたくさんの避難者が押し寄せ赤宇木集会所や民家はごった返していた。「日中、マスクもつけずに避難者の世話をするため歩き回っていたんだよ。津島駐在所には白い防護服を着たおまわりさんがいた。赤宇木の集会所に来たおまわりさんがピー、ピー、ピーと鳴っている器械（線量計）を持っていた。いま、思えばあの人たちは放射能が高いから逃げろと言っていたんだな。だけど、国道１１４号は車が大渋滞して動けないから、そのまま聞き流していた」

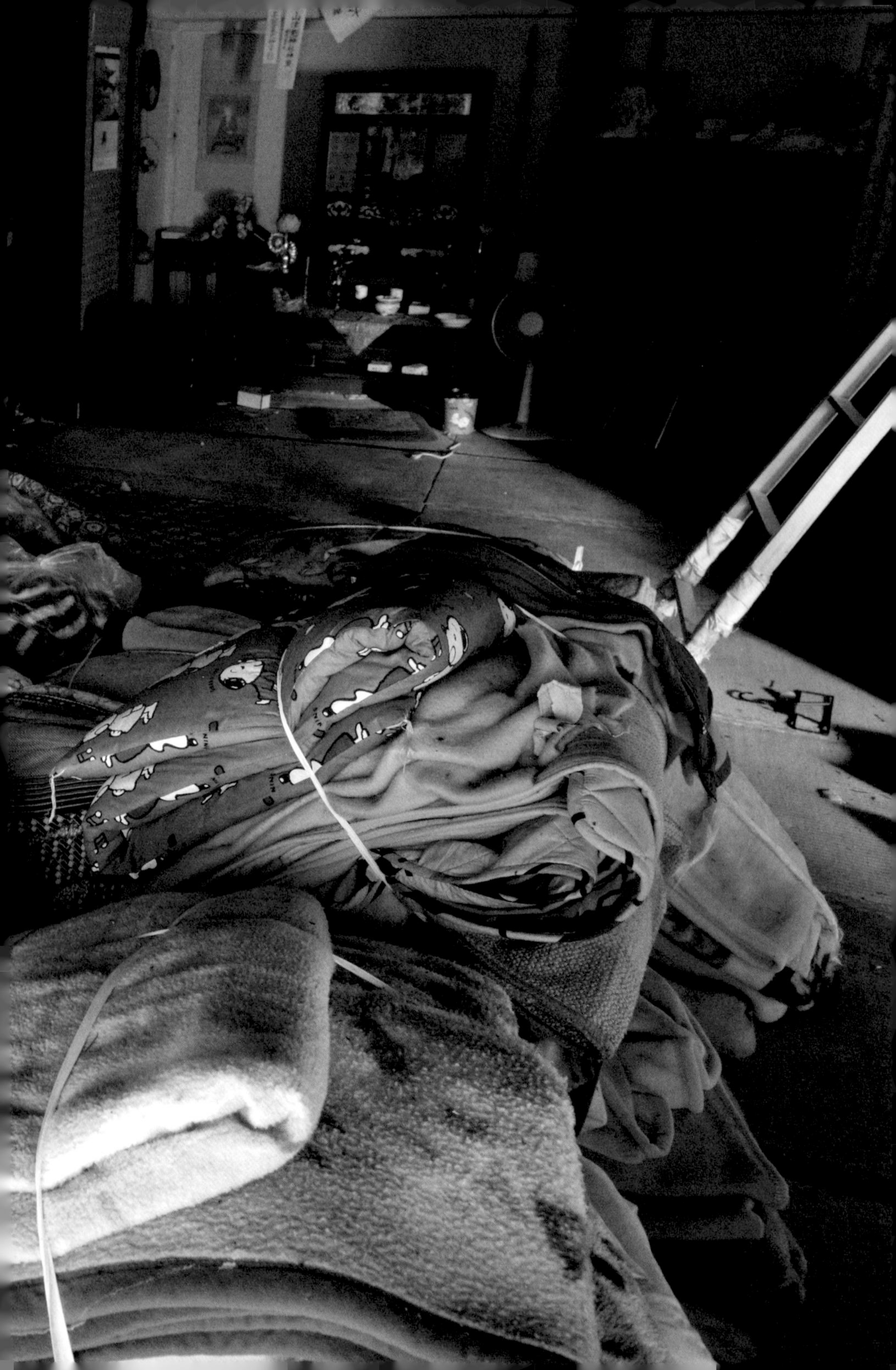

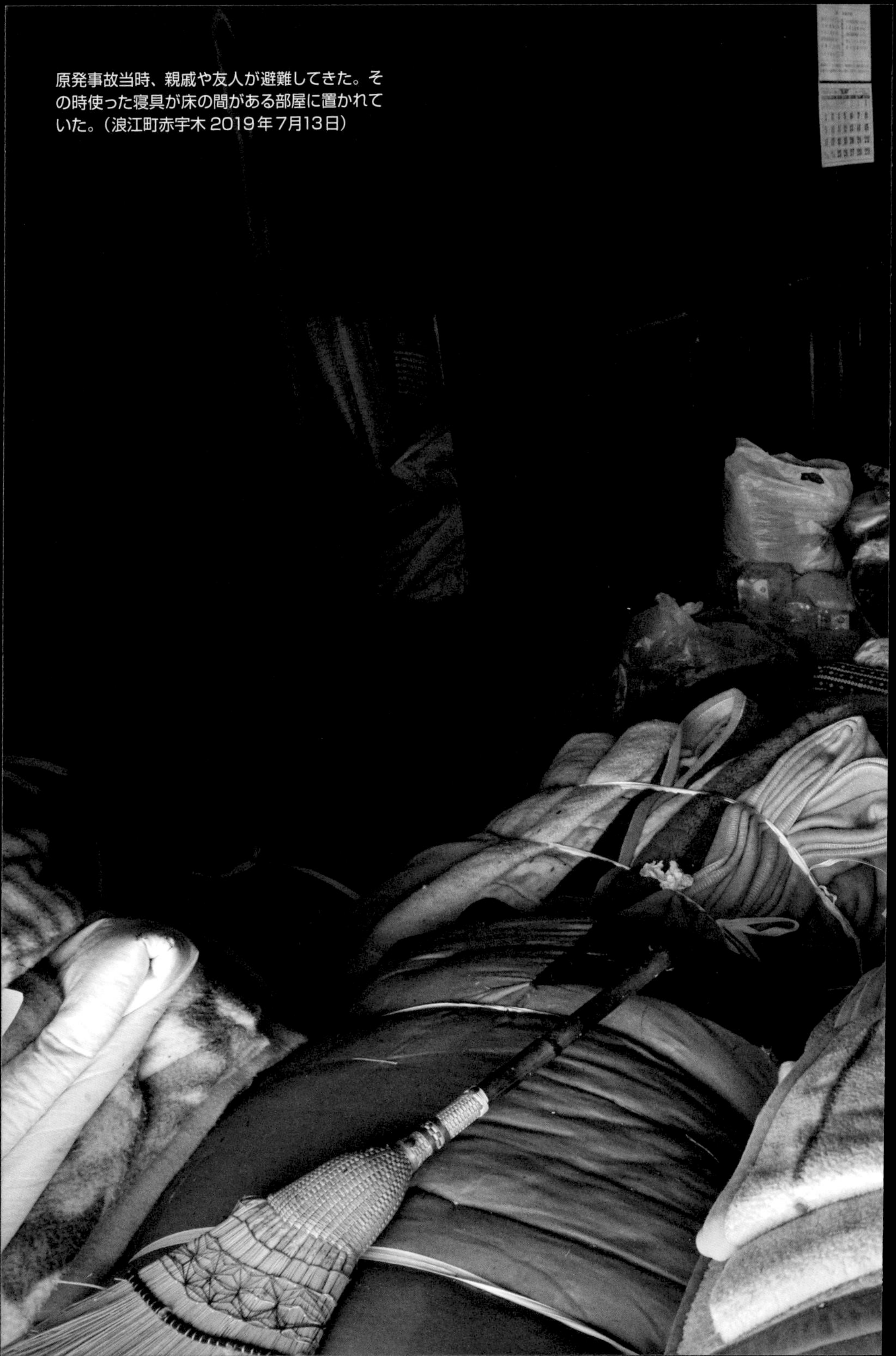

原発事故当時、親戚や友人が避難してきた。その時使った寝具が床の間がある部屋に置かれていた。（浪江町赤宇木 2019年7月13日）

「いまは意味がわからなくても将来、意味が出てくるかも知れない」と毎月赤宇木地区内の放射線量を量り続ける今野義人さん。（浪江町赤宇木 2019年4月30日）

と当時のことを語ってくれた。

国はSPEEDIなどで汚染を知っていたにもかかわらず住民に知らせなかった。

「自分たちで測ってみよう。いまは残す意味はわからなくても将来、意味が出てくるかも知れない」と思いたった今野さんは赤宇木行政区の役員に相談してその直後から放射線量測定を始めた。

村の記録集を作ろう

事故前の暮らしや思いを聞き取りした『100年後の子孫たちへ　赤宇木の記録集』を7人の役員でつくっている。赤宇木の年間行事、赤宇木の歴史、産業、文化など。

A4　600ページくらいになる。「素人がやっているから時間がかかるんです」。2022年春までには完成させ、赤宇木行政区の区長を辞めることにしている。

記録集を作ろうと思ったきっかけは２０１２年12月の津島住民への国の説明会だ。「除染しないで、そのままおけば１００年は帰れないよ」と環境省の人が言った。会場が一瞬シーンとしてしまった。「生まれて暮らしてきたふるさとが無くなってしまうということは、どこかに突き落とされるような感じだったね。唖然としたという感じ。その後だよね。いろんな思いが出てきたのは。１００年経ったら俺はいなくなってしまう。それじゃ、いまいる人たちの思いを書いておかなくちゃいけないな」と思った。

「国は復興と言いながらまともな除染もしない。町と国は何言っても聞く耳持たずで。町と国は何しているんだろうと思うようになった。いまだって、本当に一生懸命やるつもりだったら拠点整備、復興拠点計画っていうんじゃなく、全てのところを拠点にして整備し10年も15年も掛けて整備しなければいけないでしょう。言語道断、そんな風な気がするね」普段は物腰が柔らかく静かな今野さんが語気を強めた。

『１００年後の子孫(こども)たちへ　赤宇木の記録集』は原発事故でふるさとを奪った者への静かな怒りと抗議の証なのかもしれない。

測定係りの今野邦彦さんは国と東電に「さんざん嘘をつかれてきたので、自分の目と足で確認し続けたい」と言った。
（浪江町赤宇木 2019年4月30日）

Sailing
Paradise
PERFORMANCE CRUISING SAILS

長くなるほど大変だ

佐々木保彦さん（74歳）と光恵さん（69歳）

佐々木保彦さんは昼曽根に生まれ、先祖は明治以前新潟からやって来た。双葉高卒後、酪農、シイタケ栽培、田んぼもやっていた。収量は少なかったけれどコメは旨かった。1973年（昭和48年）4月結婚。光恵さんは津島と同じ帰還困難区域になっている浪江町井出から来た。

子ども4人に孫が7人いる。

子どもの頃は川で水遊びや魚捕りをした。捕れた鮎やウナギは家で料理して食べた。「最高の贅沢だったよな」と懐かしそうに口元が緩んだ。

春になると満開になる大柿ダム湖畔のさくらは部落総出で植えた。毎年、春先に手入れし、花見会をした。盆暮れは賑やかだった。盆踊り大会、秋には芋煮会などの楽しい思い出が次々に出てくる。

妻の光恵さんは県道浪江三春線と国道114号の交差点付近で大柿簡易郵便局と「マンマや」と名付けた食堂、地元産のお菓子や相馬焼などの土産物を売る店をやっていた。「マンマや」は津島と浪江の町の中間地点にあり途中に商店がなかったのでそれなりに忙しかった。

2011年3月11日地震発生の時、保彦さんはいわき市に住む孫を迎えに行こうと国道6号を走っていた。第一原発入り口の信号の手前にさしかかったとき、ぐらぐらっと来た。車がひっくり返るかと思った。道路は段差ができ、崖崩れも起こっていた。いわきに行くのを諦めて4時過ぎ自宅に戻ってきた。幸い自宅には母がひとりで居たが無事だった。

保彦さんは浪江町消防団副団長として町役場の消防団本部に行き情報収集にあたった。夜遅く帰宅。翌3月12日早朝役場に行くと、第一原発が危ないから津島に逃げろという指示が出た。

午前9時ころには浪江町から津島に向かう国道114号は避難する人の車で大渋滞になった。

津島地区の消防団は3月12日から同15日まで避難者に食料配布、手洗い、仮設トイレの設置、水は沢とプールからポンプで汲んで確保するなど、忙しかった。

保彦さんは津島地区に避難命令が出た15日午後、マイクロバスを運転し津島から二本松市東和町などの避難所に3往復して住民を運んだ。

一方、光恵さんは3月12日朝8時頃、自分の店「マンマや」に行くと駐車場は避難民で一杯だった。すぐに店を開け、食べ物を作ってあげた。

「すぐ戻ると思って避難してきた人たちばかりだったから着の身着のままで、みんなお腹をすかしていたからね。食材がなくなる夕方まで立ち通しだった」と光恵さんは言う。

マンマやの店の中は当時のまま残されている。食器や鍋などが散乱し、段ボール箱がひっくり返っ

佐々木保彦さんが区長になった2014年から光恵さんとともに毎月地区の放射線測定を行なっている。測定結果は避難した人たちに手紙で知らせている。（浪江町大柿 2019年5月19日）

たままになっている。

津島には浪江町から８０００人以上の人が避難してきた。小中高体育館、お寺、各地区の集会場などに消防団は避難者を誘導した。津島活性化センターでおにぎりをいくら作っても足りなかった。

３月12日夕方、浪江町役場津島支所が臨時役場となり、そこに災害対策本部が設けられた。

12日の午前中20キロ圏内避難指示が出た。佐々木さんの家がある昼曽根地区はちょうど福島第一原発から20キロの外側にあった。「津島に避難しろ」と白い防護服を着た警察官が避難を呼びかけていた。自衛隊も来た。

14日昼頃白い防護服を着た警察官が来て、青いバスに乗ってくださいと言われた。

光恵さんは祖母がいるから、自分の車で避難すると断った。津島の手七郎（てしちろう）の集会場に娘の夫と二人の子ども、光恵さんと二男で避難した。母は下津島の実家に身を寄せた。放射能汚染で危険だとは知らされず、原発が爆発するから危険だと思っていた。

その後、光恵さんと二男は２０１１年３月15日から南相馬市、会津若松市など避難所を５回替わり、保彦さんは二本松市東和町にもうけられた浪江町臨時役場でひと月ほど避難者の支援に当たっていた。４月３日に光恵さんが郡山市に一軒家を借り、13日に保彦さんも合流した。その後２０１２年５月本宮市に借家を借りることが出来た。

避難中は「避難民だから」と周りから白い目で見られないように気を遣ってきた。

「『市税も払わないくせに』と嫌味を言われ卵をぶつけられたり、スーパーでの買い物も気を遣う」などさまざまな避難先での辛い話が光恵さんの耳に聞こえてきた。

手づくりの店
マンマや
うどん
そば

光恵さんは「マンマや」という食堂と地元産のお菓子や相馬焼などの土産物を売る店と大柿簡易郵便局をやっていた。東日本大震災が起こった翌日朝から避難してきた人たちの車で駐車場が一杯になった。
（浪江町大柿 2019年 5月19日）

避難でバラバラになり、心許せる人が近くにいない。新しい友達も出来ず引きこもりがちになる人が増えていた。

光恵さんは自宅の倉庫を開放し、浪江からの避難者が集まれる場所を提供している。津島で盛んに栽培されていた花の名前でふるさとを思い出してもらおうとサークル「りんどうの会」と名付けた。

「浪江からの避難者が手芸、料理作りなどで交流し合える場所。引きこもりにならないようにと思って。しゃべり合うところがあったほうがいいでしょう」

毎月10人前後の女性が集まる。「女性は特に避難民ということで自由にものも言えない環境に置かれているからね」と言う。

「避難先でのつらい話がここに来れば遠慮なく言える」と好評だ。

二人は毎月部落内の放射線量を測っている

浪江町大柿と同町昼曽根の大昼行政区区長になった2014年4月から毎月放射線量を測っている。部落内は線量が高いと言われていたので実際に測って、避難している全部の家に手紙で知らせている。

平均して4から5マイクロシーベルト、高いところは10マイクロシーベルトある。かなり減っているけれど、庭先などはもっと高いところもある。

「マンマや」の駐車場で一番高い時は毎時313マイクロシーベルト（2013年11月）あった。

「線量を見るとうちらの部落は帰られないからね。いまは15歳にならないと（帰還困難区域の）部落には入れない。被曝が心配だからね。昼曽根のことは一番大きくなった高校生の孫は覚えているけれど。小さい孫たちは（ふるさとを）わかんないからな。ふるさとは忘れられてしまうよね。我々の年代で誰が帰れるんだ——？」

——と諦めの言葉が口を突いて出てくる。

本宮市での避難生活が10年になった——

原発事故前は「大昼夫婦会」を作って毎月集まって楽しく交流し、年に1回一泊の家族旅行もした。佐々木さんが大昼地区の区長になってから、総会と懇親会を年2回泊まりこみで開いている。「避難先がバラバラになり、とくに県外避難者はほとんど来られない。高齢でね。さみしいね」としんみり言う。

地表の黒い地衣類の生えた場所は放射性セシウムが溜まり特に放射線量が高い。毎時84,33マイクロシーベルトを示した。
（浪江町大柿 2019年5月19日）

避難生活が長引けばその町での生活に慣れて便利だと思うようになる。津島では買い物に行くにも大変だった。「いまは車で行けばすぐだもの。医者も近い。実際ここ（本宮市）から郡山までは30分、東京に日帰りできるからね」。高速道路を使えば孫や子どもにすぐ会いに行けて便利だ。それでも「町の暮らしになじむことは出来ない」と保彦さんは言う。「祭りや盆踊りではみんなで協力して楽しかった。ばあちゃんが作ったスイカやメロンの味は格別だった。キンモクセイの花の香りが漂う頃には山にマツタケが出始めた。思い出がいっぱい詰まったふるさとだから、どれだけ便利になっても津島の暮らしには代えがたい」と保彦さんは言う。「帰れるものならすぐに帰りたい」と絞り出すように言った。

「テレビやメディアから聞こえてくるのは復興、復興だ。10年も経ってんだから自立で、なんていう雰囲気なんだよね。でも、長くなれば長くなるほど大変になる人がいることを知ってほしいんだよね」と光恵さんはしみじみと言った。

津島も復興再生拠点計画で153ヘクタールへの帰還を予定している。それでも、津島の町中が避難解除になって復興住宅が建って、ここに（住んだら）どう？　と言われても生まれ育った昼曽根じゃなけりゃダメなんだと思う。帰還困難区域の住民には希望も何もない。だから声を出して言う場は裁判だけだった。

「ふるさとを返せ　津島原発訴訟」の原告に加わった。

裁判官が現地進行協議（いわゆる現場検証）に来たとき光恵さんは「私らは地震の時に大した被害もなかったでしょ。電気もついているし、水道は出るしそのまま生活できたわけだし。放射能で汚染したから、とぽっと追い出された。だから余計悔しい。この思いをわかってもらえるかな？」と裁判長に訴えた。

あの日以来だれも、
待っていない。
もう、10年が過ぎた。

(浪江町津島 2017年1月31日)

エゴマを町の特産品に

石井絹江さん（69歳）

石井絹江さんは「ふるさとを取り戻したい、ふるさとでなかまとエゴマを作りたい」と願って被災後、避難先の福島市内と浪江町内の畑を借りてエゴマなどを作っている。

絹江さんは浪江町津島でうまれた。福島県立小高農業高等学校津島分校（現・福島県立浪江高等学校津島校）を卒業し18歳で浪江町役場に就職、60歳の定年まで42年間浪江町のために働いてきた。

絹江さんが住んでいた津島地区は東日本大震災と原発事故によって「帰還困難区域」となり福島市内に家を借り夫とともにいつか帰る日を夢みながら暮らしている。

原発事故の時、絹江さんは津島診療所の係長だった。津島地区で唯一の医療機関だ。

3月12日朝、診療所を開ける前から、外に患者の長い行列ができていた。普段なら1日40人ぐらいがこの日は２００人、３００人の患者で診療所前の旧国道にも溢れた。

応援の医師の確保、底を突いた医薬品の手配、カルテの作成など膨大になった実務で休みなし、食事もろくに摂らず患者の対応に追われた。

浪江町の農家の協力で休耕地を借りて、エゴマの栽培を始めている。若い後継者も手伝ってくれる。（浪江町加倉 2019年8月10日）

15日に避難命令が出て、津島診療所は住民の避難先の移動に合わせ二本松市東和地区、岳温泉、安達運動場へと仮設診療所を移動させた。そのたびに重い荷物を運んだ。そのため膝を痛め手術をしたが、後遺症がのこり身体障害者の認定をうけた。

事故がなければ「孫たちといっしょに走ったり出来るのにな」と悔やんでいる。

事故当時、絹江さんは夫と両親、息子夫婦、孫二人4世代8人で暮らしていた。

夫は45頭の乳牛を飼う酪農家だった。避難の時、じいちゃんは「オレは絶対避難しない」と頑として動かなかった。牛を守るために残ると決めていた夫が強い口調で「自分の命は自分で守れ」と家族に言った。あの時の緊迫したやりとりは今も思い出し「辛い」と絹江さんは言う。

その後避難した夫は桑折（こおり）町の仮設住宅へ、義父

原発事故の時、避難してきた被災者の患者で狭い診療所はまるで戦場のようになった。石井絹江さんは当時係長として事務方を担っていた。食事を取る時間もなく患者の対応に追われた。（浪江町津島 2017年1月31日）

母は裏磐梯のペンションから安達の仮設住宅、息子夫婦と孫は郡山市の親戚宅から知人を頼って新潟市内に、公務員のために仮設住宅には入れなかった絹江さんは本宮市の雇用促進住宅に避難した。一家は4ヶ所に離散。

津島では毎日、庭の植木の手入れや畑の草取りなど身体を動かしていた義父は、避難先で体調を崩した。帰還困難区域になる以前は自由に戻れた津島に「早く津島に戻って暮らしたい」という義父を連れて、度々戻っていた。行くたびに我が家がイノシシなどの動物にガチャガチャに荒らされていた。「おれは津島の畳の上で死にてえんだよな」と言っていた義父は2013年に亡くなった。93歳だった。

津島地区住民の避難が終わっても牛の世話を続けた夫はしばらく津島にとどまっていた。「牛の処分の時には悲しい目をするんだよな」という夫は6月に桑折町の仮設住宅に避難した。

津島の山の中で牛とともに暮らしてきた夫はひとり暮らしの仮設住宅で、元気をなくし「俺はもうダメだ」と言い始めた。「死ぬ覚悟をした」と。

絹江さんは「私と一緒に農業やろう、エゴマ作りをやりてえんだ。ばあちゃんが作っていたカボチャまんじゅうつくってみんなに食べさせてえ」と夫を励ました。気を取り直した夫は「それならやったらいいべ」とすぐに農地を探してくれ福島市内に農地と加工場の土地を確保してくれた。だから、夫には感謝している。

さらに「石井農園」を作る背中を押してくれたのは義母だった。福島に借りた家に一緒に住もうと誘ったが「若い人に迷惑掛けられない。お前たちは好きなことをやれ、だが、人に迷惑掛けるな、人

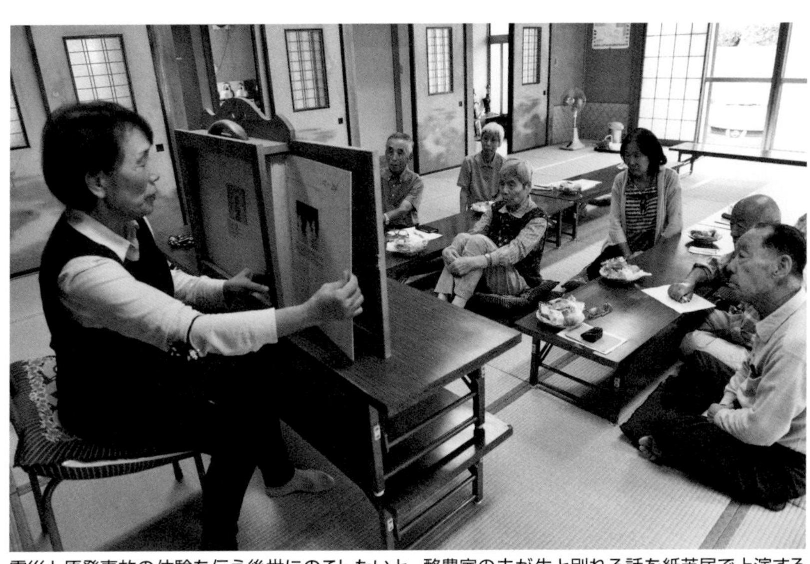

震災と原発事故の体験を伝え後世にのこしたいと、酪農家の夫が牛と別れる話を紙芝居で上演する石井絹江さん。（福島市 2019年9月18日）

の力に頼らず自分の力でやれ」と言ってひとりで老人施設の入居を決めていた。義母の言葉を聞いて絹江さんは石井農園を作る決心がついたという。

絹江さんの夢——エゴマを浪江の特産に

「定年になったら夫の酪農を手伝い、自宅に農園をつくる。自給自足の暮らしがしたい」——これが事故前の絹江さんの夢だった。

絹江さんは役場職員時代に津島地区の遊休農地を活用してエゴマ作りを仲間とやっていた。「みんなでエゴマを作って体を健康にしよう」と。その経験があったから思い立ったという。

絹江さんは生産から製造販売まで自分でやらないと気が済まない。

いまでは津島のばあちゃんたちが作っていたカボチャまんじゅうをはじめエゴマ油やエゴマドレッシング、馬ぶどう（野ブドウ）の焼酎漬けなどを作っている。「お年寄りに手伝ってもらって

吾妻山を望む石井農園のエゴマの畑。白いかわいい花が咲いた。「私に出来ることはエゴマでみんなを元気にすること」いう石井絹江さん。もうすぐ収穫の時期を迎える。
（福島市 2021年９月12日）

お年寄りが元気になってくれれば嬉しい」という。

絹江さんは早朝から畑に行きエゴマやカボチャなどの手入れに忙しい。特に浪江町に借りた畑に行くには福島市の自宅から車を2時間走らせる。夕方暗くなるまで働き、夜は農園の事務所でパソコンを前に注文の処理などに追われる。

なぜ朝から晩まで動けるの？　疲れないの？　と聞いた。

「じっとしていると辛いこと考えちゃうから」と顔を曇らせた。絹江さんにも原発事故避難中に受けた差別や被曝への心配が心の奥底に澱（おり）のように沈んでいた。

津島原発訴訟の原告の一人になった石井さんの意見陳述で述べた文章を引用する。

「津島は高濃度の放射能汚染を受けました。私たち住民がそのことを知ったのは、のちのことです。事故のときは誰も知りませんでした。原発は安全と教えられ素直に信じてきました。放射能の恐ろしさも当時はよく知りませんでした。

津島の住民は皆、大量に被曝しました。外部被曝も内部被曝もです。津島が高濃度の放射能に覆われていることを政府も東電も知っていたのに、パニックになるからと情報を隠していたのです。避けられたはずの被曝でした。

とりわけ許せないのは、幼い子どもたちのことです。子どもたちは普段どおり屋外で元気に遊んでいました。私には3人の孫がいます。1番上は事故のとき小学校1年生。2番目は保育所。3番目は事故の年の5月に生まれています。上のふたりは屋外で被曝しました。3番目の子は母

田植踊りに出演した息子と孫。
（二本松市 2019年11月17日）

親の胎内で被曝しています。この子たちの健康に将来影響が出るのではないか。その不安は抑えることができません。
　孫たちが将来、白い眼で見られるのではないかという不安もあります。現に、上の子は避難先の小学校でいじめを受けました。まるで汚いもののように言われました。だれも近づこうとしません。『そばに来ないで』と言われました。孫は、心に深い傷を受け、『津島小学校に帰りたい』と言って泣きました。登校拒否にまでなりました。
　将来、この子たちの就職や結婚のとき差別を受けるのではないか。不安に苛まれます。居ても立ってもいられない気持ちになります。
　もしも福島原発事故がなかったら、そういう不安はなかったはずです」（津島原発訴訟第２回口頭弁論　石井絹江さんの意見陳述　２０１６年７月29日福島地方裁判所郡山支部）
　とあまり口に出せない被曝による不安と差別の辛さを訴えている。
「石井農園」は理不尽な原発被害と立ち向かう心の支えでもあるのだ。

津島小学校校庭脇にある二宮金次郎像。（浪江町津島 2016年9月26日）

あの時から時間が止まったままだ

佐々木茂さん（67歳）

２０１９年1月、佐々木茂さんの車の後について国道１１４号を二本松市内から浪江町津島に向かった。帰還困難区域内を走る国道１１４号は２０１７年9月に通行禁止が解除された。だが、津島地区に入ると道路脇はバリケードで封鎖され、勝手に立ち入ることは出来ない。

「柳が一面に生えていますね。田んぼだったところですよ」と案内してくれた福島原発事故津島被害者原告団副団長の佐々木茂さんが力なく言う。わずか8年間で美しい津島の面影はなくなってしまった。佐々木さんの家は津島地区の東部にあり浪江町中心部に近い昼曽根という集落だ。戸数5軒、16人が住んでいた。

佐々木家の先祖は滋賀県大津から南相馬市小高に来た相馬藩の武士だった。現在の家は築１００年以上経つ古い大きな家だ。

事故前、佐々木さんは母ヤス子さんと弟夫妻の4人で自家栽培した野菜を使った漬け物や梅干し、焼き餅などを作って国道脇で販売していた。梅干し用の梅は２００本以上植え、収穫時、忙しいときには近所の人が手伝いに来てくれるほどだった。

震災で屋根に穴が開いた佐々木さんの自宅。
放射能の高汚染地帯なので修理が出来ず、
雨漏りした天井は腐って落ちてしまった。
（浪江町昼曽根 2019年1月21日）

自宅から国道を挟んで作業所と梅林があった。枯れた雑草に埋もれて梅の木が立っていた。今の時期は剪定をして日当たりを良くしてやらないと良い梅が出来ないんだけれど、もうそれも出来なくなったと、蕾が膨らんだ小枝の先を見つめていた。

梅林の入口に「昔の農家資料館」が建っている。母が集めた民具や農機具などが展示されている。中に入ると、じめじめしてかびのにおいがした。天井を見上げると屋根に開いた穴から陽が差し込んでいた。昔使っていた石臼や雨の日の農作業で着た蓑笠、囲炉裏、脱穀機、山仕事で使う大ノコギリなどが展示されている。事故前には小学校の子どもたちが昔の暮らしを知るために訪れていた。そのたびに母は嬉しそうに説明をしていた。

事故から8年、地震で壊れた瓦屋根は放射能汚染して直すことが出来ずそのままになっていた。雨漏りがして畳が腐り、床が抜けている。展示物はホコリをかぶり錆びついている。「母の思いが詰まった展示室をなんとか残したいのですけれど、どうにもならない」と資料館の玄関のがたつきを直しながら佐々木さんは言った。

その母ヤス子さんは2012年6月、避難先の桑折町の仮設住宅で突発性のガンで亡くなった。ガンが発見されるまではとても元気だった。母はふるさとに帰りたいといいながら息を引き取った。

「おまえが死ぬときに一緒に墓に入れてくれと……」だから、未だに納骨していない。

「あの時（3・11）から時間が止まったままだ」と寒風吹きすさぶ空を見上げた。

佐々木家の先祖が眠る墓に行った。

「代々受け継いだ山や家を守りたい。裁判はお金を貰うことが目的じゃないんだ。元のふるさとを返

原告団の中でも弁が立つ佐々木さんはいつも街頭での宣伝で弁士を務めていた。
（郡山駅前 2019年 9月19日）

して欲しいんだ。そして、母を先祖が眠る墓に入れてあげたい」といって墓石を見上げていた。

国は「特定復興再生拠点区域」の計画を津島の中心部で進めている。２０２３年にはこの区域の避難を解除し住民を帰還させるという。

「住民説明会もない、幹線道路沿線の除染は前から計画されていたもの。道路から20メートルだけの除染ではまた取り残される家もある。復興拠点区域、除染して解除する地域、外れる区域の住民を分断する」と佐々木茂さんは言う。さらに「私たちはあくまで山林を含めた津島全域の除染をして元の姿に戻してほしいんです。国はその具体的な計画を示してほしい」と。

「生きている間に裁判で勝てるのか、不安に思う。長期化して国は兵糧攻めで、少しの賠償で手を打たせようとしている。悔しい。この怒りを何処に持っていけばいいのか?」と語気を強めた。

右：母の佐々木ヤス子さんは震災の翌年、桑折町の仮設住宅でなくなった。（二本松市 2019年1月21日）
左上：掃除の後、先祖に花を手向け手を合わせた佐々木茂さん。（浪江町昼曽根 2019年1月21日）
左下：母ヤス子さんが遺した「昔の農家資料館」。（浪江町昼曽根 2019年1月21日）

佐々木家之墓
昔の生活品展示室
昔の農家
資料館

小さな地域の裁判だけど大きな意味があるんだね

関場健治さん（66歳）と和代さん（62歳）

関場さんの祖父母は戦前に赤宇木（あこうぎ）に入植した。

健治さんは姉と妹の３人兄弟。

当時赤宇木にあった津島第二小学校に通った。毎日、母から往復のバス代10円を貰って、帰りはバスに乗らず歩いて帰った。バス代は石井商店で買うアイス代に消えた。

妻・和代さんは同じ赤宇木出身で親同士の紹介でお見合いして結婚した。妻の兄と関場さんの姉が同級生の縁だった。

姉の小学校の入学式で母に負んぶされていた健治さんは、教材を自分にも買ってくれと駄々をこねたと、息子の入学式に出席していた和代さんの母が二人が結婚する前に話してくれた。小学校に入学する前、近所のお兄ちゃんに付いて学校に行った。当時は就学前の妹や弟を連れ、子守をしながら勉強するのは当たり前だった。親が働かなければならないから。

両親は農業をやりながら山仕事や近くの松ヤニを燃やして煤を取る工場に勤めていた。

父が出稼ぎに行ったのは小学校高学年の頃からだった。収穫が終わった秋から春の田植えの時期まで父の姿はなかった。親の居ない家庭は灯が消えたようで寂しさをこらえていた。
健治さんは中学を卒業し、福島市の紡績会社に就職したが半年で辞めてしまった。その後父と一緒に東京に出稼ぎに出た。
福島第一原発の3、4号機建設の頃、配管関係の仕事をした。あのころは「お金になればいい」と、原発で働くことをなんとも思っていなかった。その後、大熊町の運送会社で長距離トラックの運転手として全国を走った。東電社員の引っ越しや、原発の部品を運ぶ仕事、通産省監査のために重要マル秘文書を運んだこともある。東電幹部の別荘の引っ越しもあった。

2011年3月11日、トラックで福井県から戻る途中、会社から電話で震災の知らせを受けた。途中新潟で待機して、11日深夜に津島活性化センターに到着した。寝ている家族を起こしてしまうから、夜が明けるまで仮眠し12日朝方、自宅に戻った。「トラックの方が寝心地いいのよね。後ろにベッドあるから。エンジン音は子守歌」
朝食後、民生委員をしていたので、一人暮らしの家の見回りをして戻ってきたら、浪江や相馬に住んでいる子どもたちと親戚など総勢24人が避難してきたので家中が一杯になってしまった。国道114号から自宅に入る広場に停めた車から避難者がトイレを借りるために自宅庭の外トイレまで行列が出来た。
何も食べていない人にカレーと漬け物と塩のおにぎりを作って配った。白米が無くなり、渋滞を避けて葛尾村に行って精米して来た。

イノシシに荒らされた関場健治さんの家。
（浪江町赤宇木 2016年9月26日）

3月12日朝、友人の東電社員と彼の息子が避難してきた。その息子が「原発がおかしくなっているし、防護服を着ている人を見かけたから一緒に逃げましょう」と言った。友人も「自分たちだけ逃げて皆さんを置いて行くわけにはいかない。一緒に逃げましょう」と誘ってくれ嬉しかった。
3月12日夜9時頃、会津の美里町に着いた。親戚の家に子どもら家族と18人で世話になった。犬も連れてきた。
3月14日、置き去りにした猫3匹が心配で子どもらを置いて二人で津島に戻ってきた。子どもたちには津島に戻ることは危険だと反対された。夕方の5時頃赤宇木に着いた。汚染しているなど知らないから、薪の片付けをした。夕食を食べてほっとしていたとき、けたたましいサイレンが聞こえた。外を見るとパトカーが浪江の町方面に凄い勢いで下っていく。その夜8時頃パトカーのスピーカーから「ここは避難するように」という声が聞こえた。真向かいの家の人がパトカーに向かって「ここは20キロから30キロ圏内なので屋内待避だべ」と言い返していた。「つべこべ言ってねえで早く出ろ」と警官が怒鳴り返しているのが聞こえた。
我が家の電灯が付いているのが見えたのか、パトカーから投光器で家の中を照らされて「早く出なさい、早く出なさい」と言われ猫にえさもあげずに慌てて逃げた。津島の診療所にいた役場の職員に聞いたら避難命令など聞いていないと言われた（町が津島に避難命令を出したのは3月15日）。
その後、会津若松市の東山温泉の旅館に避難したが、大熊町の人が避難してきてから、宿泊は布団なしで一泊5千円いただきますと言われたので出て行った。
また津島に戻ったが、携帯がつながらず心配した息子が迎えに来た。

「津島にいるんだっぺと思って、やっぱりいたのか。みんなが心配しているぞ」といわれて会津美里町に戻った。それから風邪を引いてのどに痰がからまって３日間ぐらい寝ていた。栄養がろくにとれなかったから。

会津美里町に行く途中、田村市で放射能のスクリーニングをしてもらった。「あれ、この女性の靴底が異常に高い」とスクリーニングの職員が妻の和代さんの靴底の測定値を見て大騒ぎになった。靴をおしぼりで拭いても下がらず、サンダルに履き替え、息子が誕生日プレゼントに買ってくれた靴だったのに捨ててきた。

赤宇木→会津美里→３月14日津島に戻る。→３月14日夜　東山温泉→津島→会津美里→３月31日から２０１２年７月14日まで会津若松の雇用促進住宅→２０１２年７月から２０１４年10月23日柳津（やないづ）町に中古住宅を購入→茨城県日立市に建て売りを購入。合計７回転居した。

「なんぼ親戚、兄弟の家だからと言ってもズーと一緒にいると、お互い気疲れしちゃうのね。気を遣わなくっちゃならないから。雇用促進住宅に行ってからだな、東電がお見舞い金１００万円くれたのは。見舞金じゃねえや仮払いだった。領収書附けて後から引かれた。独身の人は75万円」

「あんたら罰あたったんだ」

心配した息子が迎えに来てくれ津島から美里町に再度向かった時のこと。途中、健治さんのまぶたがふさがるほど目が腫れて、会津若松市内の眼科に診てもらった。医者から「あんたら雪が降る会津を馬鹿にしていたから原発事故が起こって、罰が当たったんだ」と笑いながら言われた。「思い知っ

無人の家は森に飲み込まれてゆく。
（浪江町赤宇木 2021年7月29日）

事故から10年が過ぎた。東京の100倍近くの放射線量を出し続ける高汚染地域だ。
（浪江町赤宇木 2021年7月29日）

たか」という感じで言われたことがショックだった。

柳津町は親戚の繋がりが強いが、よそ者には冷たかった。

「お金貰っているからいいな。夫婦二人で1ヶ月20万貰えるんだから安泰した暮らしが出来るでしょう」と言われ、金持ちになったんじゃないのと勘違いされ、ねたまれた。

和代さんは塞ぎ込むようになり、近所から陰口を言われているようで外に出るのは犬の散歩ぐらいになっていた。

日立に来てから、2時間ぐらいしか寝られなくなり、日中も眠くならなかった。酒を飲むとハイになった。身体がぐったりして、寝ているかどうかわからない。食事もなにを作っていいのかわからなくなり、夫の食事も作れなくなった。そばで夫が食べているのを見ていると吐き気がした。ものを食べると薬臭いような気がして食欲がなくなった。3ヶ月間で16キロも痩せた。近くの精神科で受診し良くなってきた。半年くらいかかって元の体重になってしまった。またこんなに太ってしまった、と自嘲気味に笑っていた。

長崎の隠れキリシタンみたい

避難した日立市の団地には福島県双葉郡からの避難者が十数世帯いた。引っ越してきた当初は会うことがあったがその後はあっていない。車はご当地ナンバーになっているからだれが福島からの避難

避難直前のくらしのようすがそのまま残されていた。（浪江町赤宇木 2017年8月24日）

野生動物の住処になっている。食べ物をあさるテン。（浪江町赤宇木 2021年3月30日）

障子の破れ具合から、サルが破って遊んだのではないかと推測した。
（浪江町赤宇木 2016年9月26日）

冷蔵庫を引き倒し、中から収納ケースが引き出されていた。犯人はイノシシだ。薪ストーブは事故の前年暮れに買ったばかり。ひと冬しか使わなかった。
（浪江町赤宇木 2016年9月26日）

者かわからない。突然いなくなってしまった人が何人もいる。

近所の女の子がいわきナンバーの車を見て「福島県から来たの?」と聞かれ躊躇しながら「ウン」と答えた。両隣の家には「浪江町津島から来た」とはっきり言っているが他の人には言えない。「この辺に住んでいる若い人は冷たく見る人はいないよね」。かえって福島県内に避難した人の方が冷たくされているのではないだろうか。

「本当のこと(を)言えないのは苦しいよね。長崎の隠れキリシタンみたい。自分は福島からの避難者とは言えない、堂々と話が出来ない隠れキリシタンだ」と妻の和代さんが言った。そばで聞いていた健治さんも「ここ(日立市)は終の棲家とは思ってないもんな」と付け足すように言った。

裁判のこと

なぜ、裁判に訴えたのか?

――このまま泣き寝入りするのはいやだった。国、東電は認めないし。やっぱり責任は取って貰いたい。

先祖が苦労して築いた土地を汚染したままにしておくのも辛い。住む、住まないは別として除染はして貰いたい。あと何年かかるのか? 赤宇木の場合3段階に分かれて除染すると言っているが、最短で15年はかかるだろう。途中で除染の予算が削られるかもしれない。

チェルノブイリと変わらないこんなに大きな事故を起こしていて、東海村の第二原発も再稼働とか言っているけど、ここの原発がおかしくなったら、日立市民は郡山に避難すると言っている。ふざけないでと言いたくなる。茨城県にいっぱい福島からの避難者がいるのに、また福島に避難しろって。原発をなくせば避難経路なんて考えなくていいのに。
そもそもこの津島で御上に楯突く裁判なんて縁の無い話だった――。
「小さな地域（津島）の裁判だけれど大きな意味があるんだね」としんみりと和代さんが言った。

キノコ採り名人の関場さん。秋になると気持ちがうずうずしてくる。しかし、赤宇木のキノコは桁外れのセシウムを含んでいる。原発事故は自然とともに生きる暮らしを奪ってしまった。汚染キノコのサンプリング中の関場さん。（浪江町赤宇木 2020年10月12日）

ふるさと
津島原
ふるさとを
ふるさとを
せ！
訴訟
害者原告団

福島地裁郡山支部で第18回目の裁判が開かれた。市民に裁判のことを知って貰うため裁判所周辺でデモをする原告団。
（郡山市 2019年5月23日）

津島原発訴訟原告団事務局長

武藤晴男さん（63歳）

「ふるさとを返せ　津島原発訴訟」の原告は229世帯680人（2017年当時）。武藤晴男さんはその原告団を束ねる事務局長だ。原発事故当時、武藤さんは両親と妻の多恵子さん、息子の5人で津島の自宅で暮らしていた。

2019年7月津島の自宅へ一時帰宅する武藤さんに同行した。「武藤家の歴史は江戸末期に遡り、私で4代目です」と言いながら屋敷の奥の雑木林を進んだ。母屋から100メートルほど離れた小高い丘に9基の墓石が一列に並んでいた。半分土に埋もれた墓石や風化し文字が読めない墓石もある。「武藤家がこの地に来る前に住んでいた住民の墓でしょう」と武藤さんは言う。「誰の墓なのかわからないが、この地に暮らせるのは先祖がこの地を開拓してくれたおかげだと父から教わった」武藤さんはいまでも帰宅する度に墓参りを欠かさない。鬱蒼とした緑の森に線香の紫色の煙が幻想的に広がった。

戦前から農業をやっていた父が、兵役で行っていた満州から終戦後に戻り、農業を続けた。武藤さんは小さい頃には田んぼの代掻き（しろかき）や稲刈りなどを手伝った。友達と山野を駆け回り、ドラえもんのジャイアンみたいでお山のガキ大将だった。「大人になっても変わらないですね」と照れ笑いした。事務局長を引き受けている今に、繋がるものがあるようだ。

高校は福島県立小高工業高校に入学した。そのころ福島第一原発の建設が始まった。当時東京電力は日本の最先端、東京から来た優良企業。学校の就職研修で原発のサービスホールに見学に行った。そこで原発の必要性や安全性の説明を受けた。これからは原子力ですよ。将来を見据えた明るい原子力と宣伝された。東電は工業高校の生徒たちのあこがれの企業だった。

卒業後東京に出た武藤さんは1979年、父のけががきっかけで津島に戻り会社勤めを始めた。その後、浪江町に電器の部品の会社を立ち上げた。最初は妻と二人で始め、軌道に乗るまでは寝る暇も無く働いた。一番多いときには27～28人ぐらいの従業員がいた。リーマンショックで経営が大変だった。やっと2010年頃から良くなるかなと思っていた矢先に原発が爆発した。

2011年3月11日、浪江町でグラッときた。会社に戻ると社員は外で呆然と立ち尽くしていた。会社の工場の中は天地がひっくり返ったようになって、ぐちゃぐちゃ。少し後片付けをして、明日片付けようと言って解散し、4時頃帰宅した。

妻の多恵子さん（62）は浪江町のショッピングセンター・サンプラザにいた。防災無線で津波が来ると言っていたのを聞いて夫に連絡したが、大丈夫だと言ってなかなか帰らなかった。多恵子さんは怖くて、震えていた。

津島の自宅の被害は瓦の一部が落ちたぐらいだった。

イノシシはまるで耕耘機のように土を掘り返し、地中のミミズや葛の根などを掘り出し食べる。しかし、スイセンの球根は毒があるため掘り返さない。荒れ果てた庭にスイセンが見事な花を咲かせていた。
（浪江町津島 2020年4月25日）

無人の家の天井にハクビシンがトイレを作っていた。糞の重みで天井が抜けた。
（浪江町津島 2021年7月29日）

野生動物が荒らし回る室内。訪れる度に家具や障子が。
（浪江町津島 2019年6月19日）

神棚のお札が部屋に散乱していた。野生動物の仕業か？
（浪江町津島 2021年7月29日）

3月12日は会社に行かず後片付けや屋根の修理や墓石の修復をした。

3月13日に初めて原発事故が起きたことを知った。

しかし、津島が汚染しているとは誰も知らなかったし、知る由も無かった。「国が放射能の情報を隠していたことが悔しい」と妻の多恵子さんは唇をかみしめた。

14日の朝、原発が危ないから避難しろと葛尾村の防災無線が伝えていることを知った。保育所前でガスマスクをつけ、白い防護服を着て原発に向かう自衛隊や警察を目撃した。

15日11時頃、我が家に隣組の組長が来て、「避難指示が出た」と知らせてくれた。

当時90歳の父は「ここで育ったんだから俺はここにいる」と言って動かなかった。終戦直後、満州から戻った父は2度の火災で自宅を失い、苦労して立ち上がった自負と、ふるさとへの愛着が痛いほどわかった。いやがる父を家族全員で説得し車に乗せた。両親と晴男さん夫妻、息子の5人が2台の車であてもなく、とりあえず西に行こうと逃げた。

たどり着いたのは本宮市内の高校の体育館だった。避難民でごった返す暖房のない床に家族の居場所を確保した。足の悪い父が夜中にトイレに行くのは大変だった。周りに気を遣いながら妻と抱きかかえて外のトイレに連れて行った。晴男さんはやむなく、いやがる父に紙おむつをしてもらった。おむつの交換は周囲に見えないようにタオルで囲って交換した。晴男さんは父の自尊心を傷つけてしまったと悔やんでいる。

3月20日から3月27日まで埼玉県の親戚の家に避難した。さらに3月27日茨城県取手市のＵＲの集合住宅に避難した。

武藤家が代々、守ってきた無縁仏の墓。この地を開拓した人たちの墓だと言い伝えられてきた。（浪江町津島 2019年7月14日）

「やっと落ち着ける場所が見つかり、少しほっとしたんだけど、知らない土地で知っている人がいない、その寂しさと不安があった」と多恵子さんは力なく語る。

津島にいるとき、義母は毎朝、田んぼを見回り、草刈り、隣のうちでお茶を飲んでおしゃべりするのが日課だった。身体を動かすことがない避難所生活は義母の日常を奪ってしまった。しばらくして認知症が始まった。慣れない避難所の環境で両親は急速に健康を悪化させていった。

いつも狭い家の中で顔をつきあわせる生活は父のストレスにもなった。義母のはけ口は嫁の多恵子さんに向かった。多恵子さんをみる目つきがかわった。認知症のようで尋常ではなかった。「おめえは俺のお金盗んだ」とか「俺のこと、はたくんだ（殴る）」とか言って、暴力を振るわれた。

狭い室内に一緒にはいられなくなった。

ある日、千葉から訪ねてきた多恵子さんの姉が

原告に裁判方針を伝える事務局長の武藤晴男さん。(郡山市 2019年1月18日)

提訴して５年３ヶ月。国と東電の責任を問い原状回復を求める裁判は結審の日を迎えた。原告団、弁護団、支援の皆さんが集まって勝利判決のために運動を広げることを誓った。（郡山市 2021年1月7日）

裁判長に公正な判決を求める署名は全国に広がり、最終的には約９万筆が裁判所に届けられた。（福島地裁郡山支部 2021年1月7日）

ベランダにぽつんと座っている多恵子さんを見つけて「何やってんだ、こんなところに座って?」と驚いて言った。気が休まるところは団地の階段かベランダだった。「家の中に居ると、苦しくなってくるから」と言う多恵子さんに「そう……辛かったなー」と言って慰めてくれた。苦しい胸の内をはき出して涙が止めどなくこぼれた。

さらに、義母の認知症は進行し一人で散歩に出ると迷子になり警察に保護されるようになった。義母は2016年春亡くなった。

両親を亡くし、長男とも別居した武藤さんは郡山市に住宅を購入し、妻と二人で暮らしている。多恵子さんは高齢の両親の介護で体と心がぼろぼろの状態になり、医師に相談し「薬を飲む生活になった。この10年間は悲しみしか残らなかった。友人とも別れ、仕事もなくしました」とぽつりと言った。

晴男さんは子どもの頃、父から「嘘をつくな」「悪いことをしたら謝れ」と言われて育った。避難して3年、「津島に帰って死にたい」と言っていた父は93歳で亡くなった。避難で津島を離れるとき、「絶対戻ってくるから」と説得して無理やり避難させたが、父との約束は果たせなかった。国と東電は「父の教えとは全く逆のことをしてきました。ですから、絶対許すことが出来ないのです」ときっぱりという。

裁判を始めたのは亡き父の教えに従ったまでのことですと、気負いなく言う。ピンと背筋が伸びた姿は原告団をまとめ、牽引する役にぴったりの人柄だと皆が思っている。

武藤晴男さんの神棚のある部屋にはタヌキやアライグマ、ハクビシンなどが住み着いていた。この日はキツネが現れた。
（浪江町津島 2019年6月19日）

けもの物語——カモシカのつぶやき

このオレはまだ1歳を過ぎたばかりのニホンカモシカだ。俺たちカモシカは人間のように群れを作らない。いつも一人で行動している。

オレが住んでいるところは阿武隈山地の東側。福島県浪江町津島という山の中の村だ。ここにはお米をつくり、牛を飼い、山から木を切り、阿武隈の花こう岩を掘って石材業を営む人などおよそ１４００人の人間たちが住んでいた。

人間たちは隣近所助け合いとても仲良く暮らしていた。春には山菜採り、夏には請戸川でヤマメやイワナを釣って、秋にはキノコが採れた。自然の恵みを受けて共に暮らしていた。春と秋の祭りでは田植踊りや獅子舞が舞われ、子どもも大人も目が輝いていた。

でも、あの日を境に人間が突然いなくなったんだ。あの日は雪が降りとても寒かった。山の向こうの海の方からドーンという大きな音が聞こえてきた。暫くして、焦げ臭いにおいや口の中に鉄の味がした。なんだかおかしいなと思ったが山は静かだった。

村には津波で被災した人間が浜の方から着の身着のまま避難してきた。津島の人間たちはみんなで協力して炊き出しや寝泊まりするところを提供していた。

カモシカ（浪江町赤宇木 2020年12月20日）

暫くして、白い服を着た人間が来て「早く逃げてください」と叫んでいた。それから、浜通りから着の身着のまま避難してきた人間も村の人間も、蜘蛛の子を散らすように居なくなってしまった。やがて村の入口にはゲートが設けられ人間は入れないようになってしまった。

あれから10年が過ぎた。

この家には関場健治さんと奥さんとペットの犬と猫が住んでいた。避難後は時々戻ってきて、家の周りの草刈りや壊れた裏口の戸を直したりしていたが、最近は姿を見かけることはない。

オレたちが住み着いた家の荒れ果てた姿を見るのは辛いのだろう。

ある日、誰も居なくなった家にイノシシが玄関の窓ガラスを壊して中に入った。家の中には残された漬け物や乾麺や蜂蜜のビンやペットフードなどおいしそうなものが残されていたらしい。

「おいしい食べ物がある」——という噂は森の獣

こたつ横でリラックスするニホンカモシカ。
この写真を見た家人は「留守番頼んでいるんだ」と皮肉を込めて言った。
（浪江町赤宇木 2020年2月15日）

カラス（浪江町赤宇木 2020年1月15日）

たちにすぐ伝わった。

テン、ハクビシン、アライグマ、タヌキ、キツネ、ヒメネズミなどの野生動物がつぎつぎやってきた。さらに、昼間はカラスもやってきた。家の中はイノシシが茶箪笥のかどに泥をこすりつけた跡が残り、押し入れから布団が引き出され、襖は外され倒れていた。障子は紙が上から下まで破れていた。サルが遊んだ跡らしい。

オレは今年になってこの家にやっかいになったので一番初めに来た獣が誰なのか知らない。居間にはこたつがあって休む場所もある。オレはここが気に入っている。なにより雨風が凌げてありがたい。

人間たちはなぜ居なくなったんだ？

先日「ピピピー」と音がでる機械を持った白い服を着た男がやってきて軒下や納屋の入口などをはかって行った。「わーすごい。毎時49マイクロ

警戒心の強いニホンザル（浪江町赤宇木 2020年12月9日）

シーベルトだ。樋の下は90マイクロシーベルトを越えている」などとぶつぶつ言っていた。どうも、人間が居なくなった理由はこれらしい。

浪江町などで捕まえた「ニホンザルの骨髄で血液のもとになる成分が減ったり、胎児の成長が遅れたりしたとする研究成果が英科学誌」（毎日新聞2018年11月20日）に発表された。「事故で放出された放射性セシウムを木の皮などの食べ物から取り込んだことなどによる被曝の影響の可能性があるという」（同紙）。

オレたちも汚染した森に住んでいるからこれからどうなることやら。

ここから避難した人間たちは「ふるさとを返せ」と国と東京電力を相手に裁判を起こしている。

2019年9月、福島地方裁判所郡山支部で原告住民の尋問が行われた。原告尋問で津島の住民にも健康被害が出ているという話が出た。住民が

キツネ（浪江町赤宇木 2020年3月16日）

タヌキ（浪江町赤宇木 2020年1月13日）

テン（浪江町赤宇木 2021年 3月30日）

ネズミ（浪江町赤宇木 2020 年 1月13日）

イノシシ（浪江町赤宇木 2020年2月9日）

証言した中で甲状腺ガンに罹った人の数を集計すると原発事故後、人口1400人の津島で4人が甲状腺ガンになっていた。通常100万人に一人か二人の確率だからそのまま単純に計算するとおよそ通常の350倍の発生率になる。事故前には考えられなかったことが起こっているのではないか？

国は帰還困難区域内の「特定復興再生拠点区域復興再生計画」を始めている。

津島地区の中心（地区全体のわずか1・6％）を5年計画で除染と家屋の取り壊し、住民の帰還を目指すという。それ以外の津島地区のことは何も決まっていない。「私たちは見捨てられる」と避難した人間が怒っていた。

さらに最近、黙っていられないことが起こっているのだ。

浪江町津島地区に隣接している飯舘村長泥地区は同村内唯一の帰還困難区域となっている。住民の要望があれば除染が終わらない地域でも、帰還困難区域の解除をすると国が言い始めた。
このニュースを知った佐々木茂さん（福島原発事故津島被害者原告団副団長）は「このやり方は食い逃げに等しい。そのうち他の帰還困難区域も同じようなことになるだろう。復興拠点作りのふりをして、それ以外の帰還困難区域は知らぬ存ぜぬだ。除染が終わらないのに『解除』とは国の避難要件に合わず、責任放棄に繋がる」と怒っていた。
オレたちが住んでいる広大な山はそのままらしい。山はまだ汚染がひどいところが一杯ある。除染をしても山から放射性物質が降りて来る。除染には限界があることを国が証明したようなもんだ。でも、オレたちはそんなことお構いなく、山のブドウやクリやカキや木の芽や昆虫を食べている。イノシシなんか土の中からミミズや葛の根を掘って食べているから体の中にセシウムがたくさんたまっているっていうことだ。人間のやったことだからオレたちではどうすることもできない。身体のことがとても心配なんだけれど……。だってオイラ、ニホンカモシカは天然記念物で保護されている動物なんだぞ。原発事故なんて絶対起こさないで欲しいよ。

＝＝＝＝＝＝＝＝＝＝＝＝＝＝＝＝＝＝＝＝＝＝＝＝＝＝＝＝＝

２０１９年春から帰還困難区域の福島県浪江町津島字赤宇木地区の方に承諾を頂き、空き家になった住居にトレイルカメラ（無人カメラ）を数台仕掛けて野生動物を撮影している。そのカメラの前に登場してくれた最大の動物がニホンカモシカなのだ。カメラを見つめるカモシカは自然と共に生きることを止めた人間の愚かな行為を物静かに見つめている。

この胸苦しさ。無念さ。
ふるさとを奪われたものの悔しさ。
原発事故さえなければ……

（浪江町津島 2019年 4月28日）

あとがき

この記事を書く直前に原告団の馬場績さんから薦められた本『裁かれなかった原発――福島第二原発訴訟の記録』を読んだ。そこには負けても、負けても、巨象と闘い続けた先輩たちの闘いが記録されていた。

70年、80年代福島県の浜通りに原発が次々建設される中で、福島立高等学校教職員組合の先生たちが地域の住民たちと一貫して反対を続けた。電力会社、行政、メディア、地域社会が一体となって安全神話を大宣伝し、原発推進、原発建設賛成の圧倒的な社会の中で残された闘いは裁判に訴えるしかなかった。裁判でも原告不適格で門前払い。それでも続けた。原発に頼らざるを得なくなっていた地域の親たちから「先生らは気楽でいいな、と言われつつも、『教員だからこそ生徒たちの前で胸を張れるようでなければならない。原発地域の一住民としてやらなければならない』」という思いの教師たちがいた。

その教師たちの中に、現在原発問題住民運動全国連絡センター筆頭代表委員の伊東達也さんがいた。今年、3月二本松市で行われた津島原発訴訟原告団の集会の中での伊東達也さんの講演のまとめの部分を紹介する。

「帰還困難区域は、ごく普通に考えても10年放置され、昔に戻すこと（復旧）はきわめて難しい。だが、ここで諦めたら子孫も本当に帰れない事態が発生するのではないか。――（中略）――親たちが自らの意志で離れた土地ではない。ふる里から無理やり切り離された皆さんの思いは、必ずや子孫に心底伝わる時がくる。ふる里の土地は消えて無くなるものではない、山もなくならない、川もなくならない、ふる里は『つくり返せる』と考える所以である。その時、今を闘った皆さんの意志が、行動が、苦労が、評価され歴史に残るのではないか」

津島の近代史は開拓の歴史でもある。2年に一度はヤマセ（冷害）に襲われる厳しい自然条件と、国のご都合主義の農政に翻弄され続けてきた歴史でもあった。その中で道半ばにして津島を離れる人も多かったと聞く。80年代の原発に反対する教師たちの闘いと津島の原野に挑んだ開拓者たちの姿が重なる。さらに国と東電を相手に原状回復の道を目指して津島の人々が挑んでいる厳しい闘いもまた、津島開拓農民と原発に反対した教師たちの姿とが三重になる。

原発事故で放出された放射能で汚染されたふるさとを元に戻すことは不可能に近い。「だからと言ってその事を叫ばなければ、毒をぶん撒いた犯人を許すことになる」というある原告のことば。津島原発訴訟原告の人びとはまさに「大義に生きる人びと」だと思う。だから私は最後まで応援したい。

最後に、取材に協力してくださった津島のみなさん、原告団、同弁護団のみなさん、新日本出版社書籍編集部の柿沼さんに大変お世話になりました。また、デザイナーの三村淳さんには、表現不足の写真をみごとに構成していただきました。深く感謝します。

２０２１年８月末

森住　卓

森住 卓（もりずみ・たかし）

1951年生まれ。フォトジャーナリスト。日本写真家協会（JPS）、日本ビジュアルジャーナリスト協会（JVJA）会員。1994年より世界の核実験被爆者の取材を開始する。『セミパラチンスク』（1999年、高文研）で日本ジャーナリスト会議特別賞、平和・協同ジャーナリスト基金奨励賞を受賞。主な著書に『私たちはいま、イラクにいます』（共著、2003年、講談社）、『シリーズ核汚染の地球』（全3巻、2009年、新日本出版社）、『福島第一原発 風下の村』（2011年、扶桑社）、『やんばるで生きる』（2014年、高文研）、『やんばるからの伝言』（共著、2015年、新日本出版社）、『沖縄戦・最後の証言――おじい・おばあが米軍基地建設に抵抗する理由』（2016年、新日本出版社）など多数。

構成・装幀　三村 淳

浪江町津島（なみえまちつしま）――風下（かざしも）の村（むら）の人（ひと）びと

2021年10月30日　初　版

著　者　森住　卓
発行者　田所　稔

郵便番号 151-0051 東京都渋谷区千駄ヶ谷4-25-6
発行所　株式会社　新日本出版社
電話 03（3423）8402（営業）
03（3423）9323（編集）
info@shinnihon-net.co.jp
www.shinnihon-net.co.jp
振替番号 00130-0-13681
印刷　文化堂印刷　製本　小泉製本

落丁・乱丁がありましたらおとりかえいたします。

ISBN978-4-406-06630-3 C0036 Printed in Japan